수학파티

Albrecht Beutelspacher Marcus Wagner, Warum Kühe gern im Halbkreis grasen... und andere mathematische Knobeleien
ⓒ 2009 Verlag Herder GmbH, Freiburg im Breisgau
All right reserved.

Korean translation copyright ⓒ 2011 Jakeunchaekbang
Korean edition is published by arrangement with Verlag Herder GmbH through Eurobuk Agency.

이 책의 저작권은 유로북 에이전시를 통한 Verlag Herder GmbH와의 독점계약으로 작은책방이 소유합니다. 저작권법에 의해 한국 내에서 보호받는 저작물이므로 무단전재와 무단복제를 금합니다.

수학파티

알브레히트 보이텔슈파허, 마르쿠스 바그너 지음
강희진 옮김   오혜정 감수

Gbrain

목차

수학 수수께끼의 세계로!	9

제1장
▼ 숫자와 셈

다 함께 건배!	14
건망증 심한 교수님	17
레슬링 챔피언이 되려면?	20
양팔 접시저울	22
쪽수 매기기	24
촛대와 양초	26
전봇대	27
연속하는 자연수	28
사과와 배	30
세 자릿수	32
양의 정수 두 개의 합	35
풀밭 위의 가축들	37
밀랍 찌꺼기로 만든 양초	39
마법의 동그라미	41

제2장
▼ 분수와 비율

욕조에 물 채우기	44
누가 더 많이 벌까?	46
지금은 몇 시?	48

전기를 아낍시다!	50
수박의 무게	53
빨간 사탕, 파란 사탕	55
뒤섞인 와인	57

제3장
▼ 공평하게 나누기

사라진 1유로	60
아버지의 분배법	62
피자 나누기	64
도넛 자르기	66
할아버지의 용돈	67
5등급 사회	69

제4장
▼ 논리

수상한 책	74
숫자 알아맞히기 1	75
홀수와 짝수	77
주사위 게임	80
억만장자 퀴즈쇼	82
난쟁이의 모자 색깔	84
거짓말쟁이들의 파티	86

가짜 금화가 든 자루	87
누가 켈트족 전사로 선택되었나?	89
고장 난 눈썰매	92
체스판 위의 생쥐	94

제5장
▼ 시간과 속도

계란을 맛있게 삶으려면?	98
고속도로의 평균 속도	100
대서양 횡단	102
도화선에 불 붙이기	104
지하철에서	106
달력의 날짜	108
시곗바늘	111
위험한 다리	113

제6장
▼ 정사각형과 주사위

아홉 개의 점 1	116
아홉 개의 점 2	118
주사위 예술가	121
주사위와 소수	124
붉은색 주사위	127
두부 자르기	129

제7장

▼ 기하학

가드너의 삼각형	132
축구장과 밧줄	135
지구 적도와 밧줄	137
전신 거울	139
반원 안에서만 풀을 뜯는 젖소	142
둥근 탁자에 동전 올려놓기	144
전기를 아낍시다!	145
양초 포장하기	147
직사각형 만들기	150
화가의 캔버스	152
사냥꾼은 어디에 살까?	155

제8장

▼ 나누어 떨어지는 수

영리한 회계사	158
소풍 가는 차 안에서	160
주사위 뒤집기	162
초콜릿 상자	165
재미있는 공놀이	167
아라비안나이트	170
알파벳 U의 비밀	172

대칭수	174
'1=2' 이다!?	176

제9장 ▼ 게임

아주 특별한 도미노	178
외로운 기사	180
100에 먼저 도달하기	182
카드를 뒤집는 악마들	185

제10장 ▼ 마술

나라 이름과 과일 이름	190
동그라미 친 숫자	193
마음을 읽을 수 있다!	196
숫자 알아맞히기 2	199
동전 통과 마술	202
당신의 나이는?	204

이 책들도 읽어보자!	207

수학 수수께끼의 세계로!

이제부터 생활 속 여러 가지 사물이나 상황을 이용한 재미있는 수학 수수께끼들을 소개한다. 수수께끼로 푸는 수학은 무엇보다 딱딱하지 않아서 좋다. 알고리즘이나 방정식 같은 어려운 용어는 나오지 않고 초콜릿을 부러뜨리거나 피자와 도넛을 자르는 사이에 다양한 수학적 원리를 깨달을 수 있기 때문이다.

이 책은 그런 이야기들을 모아 놓은 수수께끼 모음집이다. 여기에 소개하는 문제나 풀이들은 굳이 기억하려 하지 않아도 자연스럽게 머릿속에 남을 것이다. 버스를 타고 가다가 생각나거나 따뜻한 욕조에 몸을 담그고 있을 때 떠오를 수도 있다. 어쩌면 수업 시간에 반원 안에서만 풀을 뜯는 젖소들이 자꾸 떠올라서 그 생각을 떨치려고 고개를 좌우로 부르르 흔들어야 될지도 모른다.

게다가 켈트족 전사를 찾기 위해 켈트족의 역사를 연구할 필요도 없고, 도화선에 실제로 불을 붙일 필요도 없다. 초콜릿과 관련된 문제를 풀기 위해 용돈을 몽땅 다 초콜릿 사는 데에 쓸 필요도 없다.

참, 어떤 수수께끼들은 조금 어렵게 느껴질 수도 있다. 그렇다 하더라도 '풀이' 부분부터 보기보다는 연필을 들고 차근차근 계산을 해 보자. 여러 가지 숫자들을 차례로 대입해 봐야 하는 경우도 있다. 그러면 어느 순간 갑자기 '반짝!' 하면서 머리에 불이 들어오기도 한다. 그리고 그 순간의 기억은 여러분의 머릿속에 영원히 남을 것이다.

어쩌면 이 수수께끼들이 도대체 일상생활에 무슨 도움이 될까 하는 의심이 들 수도 있다. 그것은 당연하다. 피자를 자를 때 크기에 상관없이 최대한 많은 조각을 낼 일은 거의 없으니까 말이다. 또 여러분 중 할아버지로부터 반원 모양의 풀밭과 젖소 그리고 기둥과 밧줄을 물려받은 사람도 아마 없을 것이다.

그런데 여러분의 뇌는 정말 중요한 게 무엇인지를 여러분 자신보다 더 잘 알고 있다. 즉, 이 책에 나오는 수수께끼에서 가장 중요한 부분이 초콜릿이나 켈트족 전사, 불공평한 아버지나 공평한 할아버지가 아니라 그 뒤에 숨어 있는 수학적 원리와 개념이라는 것을 여러분의 머리가 자동으로 알아차리고 기억한다는 뜻이다. 사실 초콜릿이나 사탕, 전봇대나 가로수는 수학적 구조와 개념에 대해 생각하도록 만드는 도구일 뿐이다.

여러분을 수학 수수께끼의 세계로 초대하는 가장 큰 이유도 바로 그 때문이다. 눈에 보이는 것들에서 시작해서 눈에 보이지 않는 것, 즉 수학적 원리를 깨닫는 방법이 매우 효과적이기 때문이다. 따라서 이 책에서 소개하는 수수께끼들을 하나하나 풀어 나가다 보면 여러분도 모르는 사이에 문제 해결 능력이 생길 것이다. 그리고 그 능력은 비단 수학 시간뿐이 아니라 일상생활 속에서도 분명 빛을 발할 것이다.

  사실 어떤 수수께끼들을 골라야 지루하지 않을까 고민을 많이 했다. 재미있으면서도 도움이 되는 수수께끼들을 만들어 내려고 말이다. 그러기 위해 우리는 수학박물관을 찾은 친구들의 이야기에 귀를 기울였다. 그리고 그중에서 첫째, 아주 기본적인 문제들을 몇 개 골랐다. 이것은 수학에 관심이 없는 사람이라 하더라도 모두가 아는 '수학 상식'에 속하는 문제들이다. 그리고 둘째로는 중요한 수학적 원리들이 숨어 있는 수수께끼들을 선택했고, 세 번째로는 되도록 다양한 수학 분야를 소개하기 위해 노력했다. 기하학과 대수학, 순열과 조합, 확률 등과 관련된 수수께끼들도 일부러 포함시켰다. 어쩌면 조금 어렵게 느껴질 수도 있겠지만, 앞서도 말했듯 차근차근 계산하고 고민하다 보면 틀림없이 어느 순간 갑자기 머리에 '반짝!' 하고 불빛이 들어올 것이다!

알브레히트 보이텔슈파허 & 마르쿠스 바그너

*편집자 주
아래 내용은 우리나라 실정과 맞지 않아서 수학 선생님들과 논의 후 이 책에는 포함하지 않았습니다.
1) 원서 67~68쪽 Mohnkuchen
2) 원서 167~169쪽 Der Teufel am Roulettetisch
3) 원서 175~176쪽 Alles will zur Vier

1. 숫자와 셈:

다 함께 건배!
건망증 심한 교수님
레슬링 챔피언이 되려면?
양팔 접시저울
쪽수 매기기
촛대와 양초
전봇대
연속하는 자연수
사과와 배
세 자릿수
양의 정수 두 개의 합
풀밭 위의 가축들
밀랍 찌꺼기로 만든 양초
마법의 동그라미

다 함께 건배!

처음이니까 조금 가볍게 시작해 보자! 수학 수수께끼에 조금만 관심이 있는 친구라면 이 문제를 벌써 알고 있을지도 모른다.

자, 어느 파티에 총 열 명이 참가했다. 참석자 모두가 빠짐없이 건배를 한다면 술잔과 술잔이 몇 번이나 '쨍' 소리를 내며 부딪치게 될까?

Hint 첫 번째 사람이 나머지 참석자 전부와 잔을 부딪치고 나면 나머지 사람들도 순서대로 건배를 하면 된다. 이 때, 두 번째 사람은 첫 번째 사람과 잔을 부딪칠 필요가 없다. 또한 세 번째 사람은 앞선 두 명과 건배를 할 필요가 없다.

Answer 첫 번째 사람은 아홉 번 건배를 하고, 두 번째 사람은 여덟 번, 세 번째 사람은 일곱 번……, 이렇게 끝까지 가다 보면 아홉 번째 사람은 한 번만 건배를 하면 되고, 맨 마지막 사람은 스스로 건배를 신청할 필요가 없다. 그러므로 $9+8+7+6+5+4+3+2+1=45$, 총 마흔다섯 번 잔이 부딪히게 된다.

보너스 문제: 오늘도 어딘가에서 파티가 열렸다. 참석자들은 즐거운 마음으로 한 사람도 빠짐없이 서로 건배를 했다. 그 결과,

'쨍' 하는 소리가 총 55번 울렸다면 파티에 참석한 사람은 모두 몇 명일까?

1부터 n이라는 숫자까지의 합은 보통 $1+2+3+\cdots+n$으로 표시한다. 그런데 이 식을 좀 더 간단하게 줄여 $\frac{n(n+1)}{2}$로 나타낼 수도 있다.

즉 $1+2+3+\cdots+n=\frac{n(n+1)}{2}$ 이 된다.

위 공식은 위대한 수학자인 카를 프리드리히 가우스(1777~1855)와 관련이 있다. 가우스가 초등학교에 다니던 시절, 어느 날 너무 떠드는 학생들을 조용히 시키기 위해 선생님은 1부터 100까지의 합을 구하라는 문제를 냈다. 그런데 놀랍게도 가우스가 그 답을 순식간에 구해 냈다. 가우스는 첫 번째 숫자인 1과 마지막 수인 100을 더하면 101이 되고, 두 번째 숫자인 2와 끝에서 두 번째 숫자인 99를 더해도 101이 된다는 사실을 금세 알아차렸다. 물론 3+98도 마찬가지로 101이 된다. 따라서 가우스는 50에다 101을 곱해서 답을 구했다.

여기에서 우리는 1부터 n까지의 합은 마지막 수인 n의 절반 ($\frac{n}{2}$)에다가 마지막 수에 1을 더한 숫자($n+1$)를 곱하면 쉽게 구할 수 있다는 사실을 알 수 있다. $1+2+3+\cdots+n=\frac{n(n+1)}{2}$ 이라는 공식이 이제 확실하게 이해가 갈 것이다.

보너스 문제 2: 어느 파티에 부부 다섯 쌍, 즉 총 열 명이 참석했다. 여기서도 모두 잔을 부딪치며 건배를 했지만, 부부끼리는 서로 건배를 하지 않았다. 그렇다면 이 파티에서는 총 몇 번의 건배를 나눴을까?

건망증 심한 교수님

어느 교수 부부가 평소 가깝게 지내던 부부 두 쌍을 저녁 식사에 초대했다. 그들은 만찬을 시작하기 전 우선 칵테일부터 마셨다. 그런데 모두가 서로서로 건배를 한 건 아니었다. 건배를 아예 하지 않은 사람도 있고, 몇 사람과만 잔을 부딪친 사람도 있었다. 또한 부부끼리는 건배를 하지 않았다.

시간이 조금 흐른 뒤, 손님을 초대한 교수는 누가 누구와 건배를 했는지 궁금해졌다. 그러나 건망증이 심해서 도저히 기억나지가 않아 아내에게 물어보았다. 그러자 "당신을 제외한 나머지 다섯 사람이 각기 다른 횟수만큼 서로 건배를 했다는 것만 알려 줄게요"라는 대답을 들었다.

그러자 교수는 잠시 눈을 감고 생각하더니 신이 나서 이렇게 말했다.

"아하, 이제 나는 두 가지 사실을 알게 되었어. 첫째, 내가 몇 명과 건배했는지, 둘째, 당신이 누구와 건배했는지도 알아냈어. 다시 말해 당신과 나는 같은 사람들과 건배한 사실을 알아낸 거야!"

Hint 교수를 제외한 나머지 다섯 사람이 각기 다른 횟수만큼 서로 건배를 했다는 것은 앞에서 이야기했다. 그 숫자는 각각 어떻게 될까?

Answer 먼저, 부부끼리는 건배를 하지 않았다는 사실을 명심해야 한다. 즉, 교수를 제외한 나머지 다섯 명 중 가장 많이 건배를 한 사람은 네 명과 잔을 부딪쳤다는 것이다. 그리고 그를 제외한 나머지는 각기 3명, 2명, 1명, 0명과 건배를 했다.

그중 누가 네 번을 건배했고, 누가 한 번도 잔을 부딪치지 않았는지 차근차근 살펴보자. 우선 교수의 부인이 네 명과 건배를 했다고 가정해 보자. 그렇다면 부부끼리는 건배를 하지 않았으니 교수의 부인은 초대받은 부부 두 쌍과 건배를 했다는 뜻이 된다. 그런데 이 경우, 나머지 두 쌍의 부부 중 건배를 한 번도 하지 않은 사람이 아무도 없다. 그러므로 교수 부인은 4명과 건배를 한 것이 아니다.

그렇다면 초대받은 두 쌍의 부부 중 한 명이 4명과 건배한 것이 된다. 예를 들어 첫 번째 부부(부부1) 중 아내가 네 명과 잔을 부딪쳤다고 생각해 보자. 이때, 그녀는 자신의 남편과는 건배를 하지 않았으니 나머지 네 명, 즉 교수 부부와 나머지 한 쌍의 부부(부부2)와 건배를 했다는 이야기가 된다. 이 경우, 아무하고도 건배를 하지 않은 사람은 부부1 중 남편이다.

이제 건배를 4번 한 사람(부부1 중 아내)과 0번 한 사람(부부1 중 남편)이 정해졌으니 건배를 1번, 2번, 3번 한 사람을 찾으면 된다.

만약 교수의 아내가 3명과 건배를 했다면 그 상대는 누구누구였을까? 자신의 남편인 교수와는 건배를 안 했을 테고, 부부1의 남편은 건배를 0번 했으니, 남은 사람은 부부1 중 아내와 부부2의 두 사람밖에 없다. 그런데 부부2의 두 사람은 이미 부부1 중 아내와 한 번씩 건배를 한 상태이다. 만약 교수의 아내와 건배를 또 하면 모두 2번씩 건배를 하는 것이다. 그렇게 되면 건배를 1번만 한 사람이 아무도 없게 된다.

따라서 건배를 3번 한 사람이 교수의 아내가 아니라 부부2의 두 사람 중 한 명이 되어야 한다. 그 사람은 부부1 중 아내, 교수, 교수의 아내와 건배를 했을 것이다.

결론적으로 교수의 아내와 교수는 두 사람하고 건배를 한 것이며 그 두 사람은 건배를 4번 한 사람과 3번 한 사람이 된다.

너무 복잡하고 어렵다 싶으면 참석자들을 그림으로 그리고 각 사람 밑에 숫자를 써 가면서 서로 연결해 확인하는 것도 좋다. 그러면 이 문제가 생각보다 어렵지 않게 느껴질 것이다.

레슬링 챔피언이 되려면?

중국에서 일대일로 맞붙는 방식으로 레슬링 챔피언을 뽑는 대회가 열렸다. 보통 스포츠 경기의 진행 방식은 토너먼트와 리그로 나뉜다. 그중 토너먼트는 참가자(혹은 참가팀)의 수를 절반으로 나눈 뒤 두 명(혹은 두 팀)씩 짝을 이루어 맞붙고, 거기에서 이긴 사람의 수를 다시 절반으로 나누어서 또 일대일로 맞붙는 방식이다. 또한 리그는 모든 참가자(참가팀)가 서로 한 번 이상 겨루어 가장 많이 이긴 사람(팀)이 우승하는 방식이다.

그런데 이번 챔피언 선발전에서는 한 사람이 질 때까지 계속 여러 명과 싸우는 방식을 사용한다. 그러다가 그 사람이 지면, 이긴 사람이 다시 또 질 때까지 여러 명을 상대해야 한다.

중국은 워낙 인구가 많아서 이 챔피언 선발전에 자그마치 십만 명이 참가했다. 그렇다면 이 챔피언 선발전에서 레슬링 챔피언을 뽑기 위해서는 몇 번의 경기가 열려야 할까?

 경기를 한 번 치를 때마다 몇 명의 선수가 줄어드는지 생각해 보면 된다.

Answer 정답은 99,999번이다. 챔피언이 되려면 십만 명 중에서 99,999명을 이겨야 하기 때문이다. 시합이 한 번 열릴 때마다 줄어드는 선수의 수는 단 한 명밖에 되지 않는다. 따라서 챔피언을 선발하려면 총 99,999번이나 시합이 벌어져야 하는 것이다.

보너스 문제: 스물네 조각으로 이루어진 초콜릿이 있다. 우선 두 조각으로 부러뜨린 뒤 그중 하나를 다시 두 조각으로 나눈다. 이렇게 해서 두 개의 조각이 붙어 있는 경우가 없게 하려면 총 몇 번을 부러뜨려야 할까?

양팔 접시저울

양팔 접시저울 하나를 머릿속에 떠올려 보자. 보통 양팔 접시저울을 사용할 때에는 두 접시 중 한 곳에 무게를 재고 싶은 물체를 올리고, 나머지 한 접시에는 추를 올린다. 이때 양쪽의 무게가 똑같으면 두 접시의 높이도 똑같아지지만, 한쪽 접시가 아래로 기운다면 그 접시 위에 놓인 물건이 다른 쪽 접시 위에 놓인 물건보다 더 무겁다는 뜻이다.

이런 양팔 접시저울로 지금부터 동전의 무게를 재려고 한다. 그런데 조그만 문제가 발생했다. 무게를 재는 데 중요한 무게추가 없다는 것이다. 여러분 앞에는 모두 똑같이 생긴 27개의 동전밖에 없다. 그중 26개의 동전은 무게도 모두 같지만 나머지 1개의 동전은 다른 것에 비해 조금 더 가볍다. 이 27개의 동전 중에 무게가 다른 동전을 어떻게 하면 찾아낼 수 있을까? 또한 과연 몇 번 만에 가벼운 동전을 찾을 수 있을까?

Hint 만약 동전이 총 27개가 아니라 3개이고 그중 1개가 나머지 2개보다 가볍다면 어느 동전이 가벼운지 어떻게 알아낼 수 있을까? 이 경우 단 한 번만 무게를 재는 것으로 가벼운 동전을 찾아낼 수 있다!

Answer 동전이 3개일 경우에 가벼운 동전을 찾아내는 방법은 아주 간단하다. 3개 중 1개는 한쪽 접시에, 1개는 다른 쪽 접시 위에 올리기만 하면 된다. 이때 저울이 균형을 이룬다면 접시 위에 올리지 않은 동전이 가벼운 동전이고, 저울이 기운다면 높은 위치의 접시 위에 놓인 동전이 가벼운 동전이다.

이제 동전의 수를 9개로 늘려 생각해 보자.

9개 중 1개가 나머지 8개보다 가벼운 동전일 경우, 그 동전을 찾아내려면 각 접시 위에 동전을 3개씩 올려놓아야 한다. 만약 저울이 한쪽으로 기운다면 위로 올라간 접시 위에 있는 동전 3개 중 1개가 가볍다는 뜻이다. 그리고 저울이 균형을 이룬다면 접시 위에 올리지 않은 동전 3개 중 1개가 가볍다는 뜻이다. 이렇게 해서 가벼운 동전 1개가 어느 무더기에 있는지 찾아냈다면, 그다음에는 앞서 말한 방법, 즉 동전 3개 중 가벼운 동전을 찾아내는 과정을 반복하면 된다. 그래서 이 경우 두 번의 무게를 재는 것으로 가벼운 동전을 찾아낼 수 있다.

동전이 총 27개일 경우에는 접시 위에 각기 9개의 동전을 얹은 다음 저울이 기우는지 균형을 이루는지를 살핀다. 그렇게 해서 어느 무더기에 가벼운 동전이 포함되어 있는지를 찾은 다음, 위의 과정을 반복하면 되는 것이다. 이 경우 세 번의 무게를 재는 것으로 가벼운 동전을 찾아낼 수 있다.

쪽수 매기기

십진법에서는 총 열 개의 숫자를 사용한다. 1, 2, 3, 4, 5, 6, 7, 8, 9, 0이 그 숫자들로 우리가 일상생활에서 수를 표기하기 위해 사용하는 방법이 바로 이 십진법이다.

지금부터 십진법으로 나타낸 수를 이용해서 아주 두꺼운 책에 쪽수를 매기려고 한다. 그런데 쪽수를 매기는 데에 필요한 숫자의 개수가 총 2010개라고 한다. 그러면 이 책의 마지막 쪽은 몇 쪽일까? 시작은 물론 1쪽부터 차례로 매기면 된다.

Hint 1쪽부터 9쪽까지 매기는 데에는 9개의 숫자가 필요하다. 모두 다 한 자릿수들이기 때문이다. 그렇다면 10쪽에서 99쪽까지 매기는 데에는 몇 개의 숫자가 필요할까?

Answer 10부터 99까지에 해당하는 수의 개수는 총 90개로 모두 다 두 자릿수들이다. 따라서 10에서 99까지를 쓰는 데에는 총 180개의 숫자가 필요하다(90×2). 그리고 1부터 99까지를 쓰는 데에는 총 189개의 숫자가 필요하다($9+90 \times 2=189$).

그런데 위에서 말한 책은 처음부터 끝까지 쪽수를 매기는 데에 총 2010개의 숫자가 필요하다고 했으니 적어도 몇백 쪽은 될 것이다. 이때 마지막 쪽에 매겨질 수를 x라고 해 보자.

100부터 x까지에 해당하는 수가 총 몇 개인지를 계산하려면 x에서 99를 빼면 된다($x-99$). 만약 x가 101이라면 101에서 99를 빼는 것이다. x가 201이라면 201에서 99를, 331이라면 331에서 99를 빼면 된다. 거기에서 나온 값, 즉 $x-99$에다 3을 곱하면 된다. 100부터 x까지의 수들을 표기하기 위해서는 늘 3개의 숫자가 필요하기 때문이다.

따라서 1부터 x까지의 쪽수를 매기는 데에 필요한 숫자의 개수를 구하는 데에 필요한 식은 $189+3(x-99)$이다. 그런데 총 2010개의 숫자가 필요하다고 했으니 $189+3(x-99)=2010$이 되며 이 식을 계산하면 x는 706이 나온다. 즉, 이 책의 마지막 쪽은 706쪽이 되는 것이다.

촛대와 양초

슈퍼마켓에 갔더니 양초 한 개와 촛대 한 개를 11유로에 세트로 팔고 있었다. 이때 촛대의 값이 양초보다 10유로가 더 비싸다면 양초의 값은 얼마일까?

Hint 단순한 뺄셈만으로는 정답을 구할 수 없다!

 "양초는 1유로야"라고 착각하기 딱 좋은 문제이다. 하지만 그러려면 촛대는 10유로이어야 한다. 그래야 둘의 가격을 더했을 때 11유로가 되기 때문이다. 그런데 이 경우, 양초와 촛대의 가격 차이는 10유로가 아니라 9유로밖에 되지 않는다.

따라서 양초와 촛대의 가격 차이가 10유로가 되려면 양초는 50센트, 즉 0.5유로이고 촛대는 10.5유로이어야 한다!

이 문제도 물론 식으로 나타낼 수 있다. 양초의 값을 x라고 가정할 때 촛대의 값은 $10+x$가 된다. 두 개를 합쳐 11유로라 했으므로 $x+10+x=11$이 되며 이 식을 계산하면 $x=0.5$가 나온다.

전봇대

어느 시골길에 전봇대가 일정한 간격으로 늘어서 있다. 즉, 전봇대와 전봇대 사이의 거리는 언제나 똑같은 것이다.

이때 첫 번째 전봇대에서 다섯 번째 전봇대까지의 거리가 500m라면 첫 번째 전봇대에서 열 번째 전봇대까지의 거리는 몇 미터일까?

Hint 각 전봇대 사이의 간격이 얼마인지 정확하게 계산해 보자!

 1번 전봇대부터 5번 전봇대까지의 거리는 500m라고 했다. 그리고 1번과 2번, 2번과 3번, 3번과 4번, 4번과 5번 사이의 간격은 똑같다고 했으므로 각 전봇대 사이의 간격은 125m이다.

1번부터 10번 전봇대까지는 이런 구간이 총 9개 있다. 그러므로 9에다 125를 곱하면 우리가 구하는 거리는 1125m가 된다.

연속하는 자연수

연속하는 자연수 여섯 개를 모두 합하니 9999가 나왔다. 그렇다면 여섯 개의 수는 어떤 수들일까?

Hint '연속하는' 수들 간의 차이는 그다지 크지 않다. 그런데 6개의 수를 합하여 9999가 된다고 했으므로 그 수들이 대략 몇 자릿수인지, 그중에서도 대충 어느 정도인지 알아낼 수 있을 것이다.

Answer 먼저 9999를 6으로 나누어 보자. 그러면 1666.5가 나온다. 1666.5는 연속하는 수 여섯 개의 평균값이기도 하다. 즉 여섯 개 중 세 개는 1666.5보다 작고 세 개는 1666.5보다 크다는 뜻이다. 그렇다면 여섯 개 중 가장 작은 수는 1664가 되고, 가장 큰 수는 1669가 된다.

그런데 이 결과가 옳은지는 어떻게 확인할 수 있을까? 이건 간단하다. 여섯 개의 수를 더해서 9999가 나오는지를 확인하면 되는 것이다. 1664+1665+1666+1667+1668+1669=9999 이렇게 말이다.

이번에는 식을 이용해서 한번 풀어 보자. 여섯 개의 수 중 가장 작은 수를 x라고 가정할 때, $x+(x+1)+(x+2)+(x+3)+(x+4)$

$+(x+5)=9999$라는 등식이 성립한다. 여기에서 등호(=)의 왼편을 정리하면 $6x+15=9999$가 된다. 그렇다면 $6x$의 값은 9999에서 15를 뺀 값, 즉 9984이다($6x=9999-15=9984$). 따라서 9984를 6으로 나눈 값인 1664가 x값이 된다($x=1664$).

숫자만 조금 바꾸면 누구나 직접 이 문제와 비슷한 문제들을 만들 수 있다. 단, 이때 아무 수나 다 써도 되는 건 아니다. 이 문제에 어울리지 않는 수들도 있기 때문이다. 그렇다면 어떤 수를 써야 문제가 성립될까? 잘 모르겠으면 위의 식을 다시 한 번 자세히 살펴보자.

사과와 배

이른 시간부터 과일 가게가 문을 열었다. 가게 주인은 각각의 과일 상자에 모두 같은 개수의 사과와 배를 넣어 나중에 계산하기 편하도록 했다.

저녁이 되어 가게 문을 닫을 때쯤 계산을 해 보니 사과는 93개나 팔았는데 배는 39개밖에 팔지 못했다. 주인이 상자 안에 담겨 있는 과일의 개수를 세어 보니 남은 배의 개수가 남은 사과의 개수보다 정확히 2배가 많았다.

주인이 아들에게 그 얘기를 해 주자, 아들은 잠깐 생각하더니 처음 상자 안에 과일과 배가 각각 몇 개 들어 있었는지 알아맞혔다. 아들은 어떻게 처음 상자 안에 있던 과일의 개수를 알아맞힌 것일까?

Hint 맨 처음 상자 안에 사과와 배가 대충 몇 개쯤 들어 있었는지부터 생각해 보자.

Answer 장사가 끝난 뒤 상자 안에 들어 있는 배의 개수는 사과 개수의 2배라고 했다. 이를 통해 아마도 배보다 사과가 2배쯤 더 팔렸다고 추측할 수 있다. 즉, 사과는 전체의 $\frac{2}{3}$가 팔렸고, 배는 전체의 $\frac{1}{3}$밖에 팔리지 않았다는 것이다. 따라서 남은 사과의 개수는 처음 상자 안에 들어 있던 사과의 $\frac{1}{3}$이고 남은 배의 개수는 전체의 $\frac{2}{3}$가 된다. 그렇다면 맨 처음 상자 안에는 아마도 사과와 배가 각각 130개쯤 들어 있었을 거라는 계산이 나온다. 하지만 검산을 해 보면 그 계산이 틀렸다는 걸 알 수 있다. 원래 130개가 있었다면 남은 사과의 개수는 37개, 남은 배의 개수는 91개인데, 이 경우 남은 사과의 개수에 2를 곱해 봤자 74밖에 되지 않는다. 이 숫자는 남은 배의 개수 91보다는 훨씬 적은 수다.

따라서 130보다 조금 큰 수들을 대입해야 한다. 그리고 그렇게 계속 풀다 보면 문제의 답이 147개라는 걸 알 수 있다. 그 숫자가 옳은지 틀렸는지는 147에서 팔린 사과와 배의 개수를 각기 빼 보면 알 수 있다. $147-93=54$(남은 사과의 개수), $147-39=108$(남은 배의 개수)이니까 남은 사과의 개수가 남은 배의 개수의 정확히 절반이 되는 것이다.

이 문제도 식을 이용하면 간단하게 풀 수 있다. 이때 맨 처음 상자 안에 들어 있는 사과와 배의 개수를 x라고 하자. 여기서 팔린 과일의 개수를 빼면 남은 과일의 개수가 된다. 즉 남은 사과의 개수는 $x-93$, 남은 배의 개수는 $x-39$이다. 그런데 남은 배의 개수가 남은 사과의 2배라고 했으므로 $2(x-93)=x-39$라는 등식이 성립한다.

세 자릿수

358은 세 자릿수인 동시에 백의 자릿수와 십의 자릿수를 더한 값이 일의 자릿수가 되는 특별한 수이다. 세 자릿수 중 이런 숫자가 몇 개나 더 있을까?

Hint 세 자릿수의 개수는 총 900개나 되지만, 그중 위의 조건을 충족하는 수는 생각보다 아주 적다. 끝자리 숫자를 기준으로 해서 어떤 수들이 위의 조건을 충족하는지 차근차근 생각해 보면 답이 나온다.

Answer 일의 자릿수를 기준으로 일어날 수 있는 모든 상황들을 차례대로 생각해 보자.

우선, 일의 자릿수는 절대로 0이 될 수 없다. 그러려면 십의 자릿수와 백의 자릿수도 0이 되어야 하기 때문이다.

다음으로 1인 경우는 어떨까? 그런데 일의 자릿수가 1이면서 위의 조건에 들어맞는 세 자릿수는 딱 한 개밖에 없다. 바로 101이다. 혹시 011도 되지 않느냐고 묻고 싶은 사람도 있겠지만, 011은 세 자릿수가 아니라 두 자릿수이니 성립되지 않는다.

일의 자리가 2인 경우는 112와 202 두 개가 있다. 또한 일의 자리가 3인 경우는 총 세 개(123, 213, 303), 4인 경우는 총 네 개(134,

224, 314, 404)가 있다. 이런 식으로 일의 자리가 9인 경우까지 생각해 보면 문제의 답을 쉽게 구할 수 있다.

이때 일의 자릿수가 1인 경우이든 9인 경우이든 먼저 백의 자릿수가 1인 경우부터 대입한다. 백의 자릿수가 정해지면 십의 자릿수는 자동으로 알 수 있다. 만약 백의 자릿수가 1이면 십의 자릿수는 일의 자릿수(1부터 9 사이의 숫자들)에서 1을 빼면 된다.

다음으로 백의 자릿수가 2인 경우를 생각해 보자. 이 경우, '(일의 자릿수)−2'가 십의 자릿수가 된다. 그러므로 백의 자릿수를 b, 일의 자릿수를 e라고 할 때, 십의 자릿수는 늘 $e-b$가 되는 것이다.

또한 백의 자릿수가 일의 자릿수보다 더 크면 안 된다는 것을 기억하자. 백의 자릿수가 더 크면 처음 두 숫자인 백의 자릿수와 십의 자릿수의 합이 일의 자릿수보다 더 커져 버리기 때문이다. 따라서 백의 자릿수 b는 1이거나 1과 e 사이의 수가 되어야 하고, b가 e보다 클 수는 없다.

이렇게 계산해 보면 일의 자릿수가 1인 경우, 문제의 조건을 만족하는 수는 1개, 일의 자릿수가 2일 때에는 2개, 3일 때에는 3개, 이런 식으로 9까지 적용된다. 즉, 1+2+3+4+5 ⏐ 6+7+8+9=45이므로, 백의 자릿수와 십의 자릿수의 합이 일의 자릿수가 되는 세 자릿수는 총 45개가 있는 것을 알 수 있다.

보너스 문제: 세 자릿수 중 일의 자릿수가 백의 자릿수에서 십의 자릿수를 뺀 수(혹은 반대로 십의 자릿수에서 백의 자릿수를 뺀 수)가 되는 것은 몇 개나 있을까?

양의 정수 두 개의 합

어떤 양의 정수 두 개를 더했더니 715가 되었다. 두 수가 각기 몇 자릿수인지는 알 수 없지만, 둘 중 하나는 일의 자릿수가 0이다. 그리고 그 수에서 일의 자릿수 0을 지우면 나머지 한 개의 수가 된다고 한다.

두 수는 각기 몇과 몇일까?

 뒤에서부터 앞으로, 즉 일의 자릿수부터 해결해 나가야 풀 수 있는 문제이다!

두 개의 수 중 하나는 세 자릿수이고 나머지 하나는 두 자릿수이다. 두 수를 더해서 715가 되려면 적어도 둘 중 하나는 세 자릿수이어야 하기 때문이다. 위 문제에서는 첫 번째 수에서 일의 자릿수를 지우면 두 번째 수(두 자릿수)가 된다고 했다.

그런데 두 수의 합이 715인데, 세 자릿수의 일의 자릿수가 0이라고 했으니 두 자릿수의 일의 자릿수는 낭연히 5가 되어아 한다. 그리고 세 자릿수 중 일의 자릿수를 지운 수가 두 자릿수가 된다고 했으니, 세 자릿수를 구성하는 숫자 중 십의 자릿수도 5가 될 수밖에 없다. 이것을 식으로 나타내면 다음과 같다.

```
  ?50
+  ?5
------
  715
```

위 식에서 ?에 들어갈 수 있는 숫자는 단 하나밖에 없다. 그 숫자는 바로 6이고, 따라서 우리가 구하는 두 수는 650과 65이다.

보너스 문제: 어떤 두 수를 더했더니 617이 되었다. 그리고 둘 중 한 수의 백의 자릿수에서 일의 자릿수를 빼면 십의 자릿수가 된다고 한다. 그렇다면 두 수는 각기 몇과 몇이 될까?

풀밭 위의 가축들

젖소와 말 그리고 양들이 초원에서 풀을 뜯고 있다. 그중 젖소를 외양간에 넣으면 12마리가 남고, 젖소 대신 말들을 마구간으로 보내면 22마리가 남는다. 또한 젖소와 말은 남겨 두고 양들을 다른 곳으로 보내면 남은 동물의 수는 26마리가 된다. 이때, 젖소와 말 그리고 양을 모두 합하면 몇 마리가 될까?

 몇 마리가 줄어드는지를 생각하지 말고 풀밭 위에 몇 마리가 남아 있는지를 확인해야 한다.

Answer

젖소를 빼면 12마리라는 것은 말과 양을 합한 게 12마리라는 뜻이다. 이것을 식으로 나타내면 '말+양=12'가 된다. 그렇다면 '젖소+양=22', '젖소+말=26'이라는 등식도 쉽게 세울 수 있다.

세 식에서 좌변은 좌변끼리 우변은 우변끼리 각각 더하자. 다시 말해 등호의 왼쪽에 있는 부분을 모두 합하고, 오른쪽에 있는 부분을 모두 합하면 '말+양+젖소+양+젖소+말=12+22+26'이라는 등식이 성립한다.

이 식을 다시 정리하면 (2×말)+(2×양)+(2×젖소)=60이 나온다. 즉 모든 동물의 마릿수에다가 2를 곱한 것이 60이라는 뜻이다. 그러니 원래 풀밭 위에 있던 동물의 수는 60을 2로 나눈 수인 30이 된다.

밀랍 찌꺼기로 만든 양초

곰 모양의 틀에 밀랍을 부어 양초를 만드는 공장이 있다. 밀랍 한 통으로 양초 한 개를 만들 수 있다고 한다. 이렇게 완성된 양초를 꺼내고 나면 매번 모양틀 안에 밀랍 찌꺼기가 조금씩 남아 있어 그 찌꺼기들을 여섯 번 모으면 곰 모양의 양초 한 개를 더 만들 수 있다.

그렇다면 서른여섯 통의 밀랍으로 모두 몇 개의 양초를 만들 수 있을까?

Hint 혹시 '복리'라는 말을 들어본 적이 있다면 문제 해결이 쉽다. 은행에 저축을 하면 이자가 붙는데, 그 이자에 다시 이자가 붙은 걸 복리라고 한다. 위 문제는 이런 복리와 관련된 것이다.

Answer 36통의 밀랍이 있다면 기본적으로 36개의 양초를 만들 수 있는 것은 쉽게 알 수 있다. 그리고 매번 나오는 찌꺼기들 6번 모으면 1개의 양초를 만들 수 있다고 했으니, 찌꺼기만 모아도 6개의 양초가 나오는 것도 계산할 수 있다. 그렇다면 밀랍 36통으로 만들 수 있는 양초의 개수는 36+6=42로 총 42개일까?

사실 양초는 더 만들 수 있다. 찌꺼기를 모아서 양초를 만들 때에도 다시 찌꺼기가 나오기 때문이다. 즉 찌꺼기로 만든 양초가 6개이니까, 찌꺼기의 찌꺼기를 모으면 다시 1개의 양초를 더 만들 수 있다. 따라서 밀랍 36통으로 만들 수 있는 양초의 개수는 모두 43개가 된다.

마법의 동그라미

아래 그림에는 작은 동그라미가 일곱 개 있다. 이번 문제는 여기에 1부터 7까지의 숫자를 적어 넣는 것이다. 그런데 각 직선 위에 놓인 동그라미 세 개나 큰 원 혹은 작은 원 위에 있는 동그라미 세 개 안에 든 숫자의 합이 늘 똑같아야 한다는 단서가 붙는다.

그러려면 어디에 어느 숫자가 들어가야 할까?

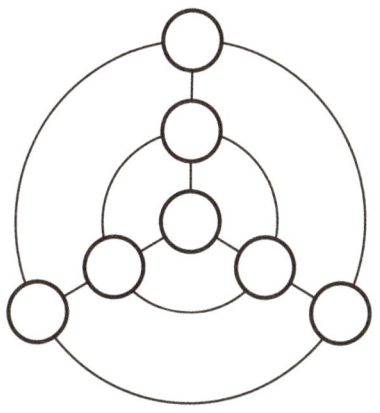

 다섯 가지 경우의 합이 얼마일 때 1부터 7까지의 숫자를 빠짐없이 적을 수 있는지부터 생각해야 한다.

Answer

얼핏 보기에는 1부터 7까지 중 3개의 숫자를 더해서 같은 결과를 얻을 가능성이 아주 많은 것처럼 보인다. 하지만 문제에서 말하는 조건 때문에 그 범위는 아주 많이 줄어든다. 1부터 7까지의 숫자를 각기 한 번밖에 쓸 수 없고, 다섯 가지 계산의 합이 모두 같아야 하기 때문이다.

위 조건들을 생각했을 때, 1부터 7 사이의 숫자 중 세 개를 더해서 얻을 수 있는 최솟값은 6이다. 1+2+3=6이기 때문이다. 하지만 이 경우, 나머지 숫자들을 가지고 6이라는 합을 얻을 수가 없다. 합이 7인 경우 역시 1+2+4로 딱 한 가지밖에 없다. 합이 8인 경우는 두 가지가 있다. 1+2+5와 1+3+4 모두 계산 결과가 8이 되는 것이다.

이렇게 계속 생각해 나가다 보면 결국 동그라미 세 개의 숫자의 합이 12가 되어야 다섯 가지 식이 나온다는 것을 알 수 있다. 즉 합이 12인 다섯 가지 경우는 1+4+7, 1+5+6, 2+3+7, 2+4+6, 3+4+5이다.

이제 각각의 숫자가 몇 번씩 나오는지 자세히 살펴보자. 4를 제외하고는 모두 두 번씩 나온다. 4는 세 번 나오니까 4가 가운데에 들어가야 하고, 여기까지 풀었다면 나머지 숫자들이 들어갈 위치는 쉽게 찾을 수 있을 것이다.

```
    1
    7
    4
  2   3
 6     5
```

분수와 비율:

욕조에 물 채우기

누가 더 많이 벌까?

지금은 몇 시?

전기를 아낍시다!

수박의 무게

빨간 사탕, 파란 사탕

뒤섞인 와인

욕조에 물 채우기

아래에 보이는 욕조에 물을 가득 채워 보자. 수도꼭지를 끝까지 틀면 욕조에 물이 가득 차기까지 2분이 걸린다. 반대로 욕조를 완전히 비우려면 마개를 뽑고 3분을 기다려야 한다.

그렇다면 마개를 뽑아 놓은 상태에서 수도꼭지를 끝까지 틀어 놓으면 욕조에 물이 가득 차는 데 몇 분이 걸릴까?

Hint 1분이 지난 뒤 욕조에 물이 얼마나 차는지 계산해 보면 된다.

욕조에 물이 가득 차기까지는 정확히 6분이 걸린다. 마개를 닫은 상태에서 1분 동안 물을 틀어 놓으면 욕조의 절반까지 물이 찬다. 반대로 수도꼭지를 잠근 상태에서 마개를 뽑으면 $\frac{1}{3}$에 해당하는 물이 빠지게 된다. 이 두 가지를 동시에 실행한다고 가정하자. 다시 말해 수도꼭지를 최대한 튼 상태에서 마개를 뽑아 두면 1분 동안 $\frac{1}{2}$에서 $\frac{1}{3}$을 뺀 만큼의 물이 찰 것이다. 즉 욕조의 $\frac{1}{6}$만큼 물이 차는 것이다. 따라서 욕조에 물이 완전히 차기까지는 총 6분이 걸리게 된다. 참고로 6분이라는 시간은 욕조에 물이 세 번 가득 차는 시간이자 두 번 완전히 물이 빠지는 시간이기도 하다.

누가 더 많이 벌까?

예전에는 수입이 똑같았던 아담과 이브였지만 지난해는 아담의 연봉이 10% 오른 반면 이브의 연봉은 10%가 깎였다고 한다. 반대로 올해에는 이브의 연봉이 10% 인상되고 아담의 연봉은 10% 삭감되었다면 현재 아담과 이브 중 누가 더 돈을 많이 벌까?

올해와 지난해에 오른 액수와 깎인 액수가 똑같은지부터 비교해 보면 된다.

아담과 이브의 연봉이 처음에 2000유로였다고 가정해 보자. 2000의 10%는 200이니까 작년에 아담의 연봉은 2200유로로 올랐고 이브의 연봉은 1800유로로 깎였다.

그 상태에서 올해에 아담의 연봉이 10% 깎였다는 말은 2200유로에서 220유로를 뺀 1980유로가 되었다는 뜻이다. 반대로 이브의 연봉이 10% 올랐다는 말은 1800유로에서 180유로를 더해서 1980유로가 되었다는 뜻이다. 즉 아담과 이브는 다시 똑같은 연봉을 받게 된 것이다. 또한, 두 사람 다 처음보다는 20유로를 덜 받게 된 상태이기도 하다.

곱셈에서는 교환법칙이 성립한다. 순서를 바꾸어 곱해도 결과는 같다는 뜻이다. 퍼센트끼리 곱할 때에도 그 법칙은 그대로 적용된다.

이 문제를 식으로 나타내면 아담의 연봉은 '2000유로×1.1×0.9=1980유로'가 되고, 이브의 연봉은 '2000유로×0.9×1.1=1980유로'가 나온다. 이렇게 두 사람의 연봉이 마지막에는 같아지는 이유도 바로 곱셈의 교환법칙 때문이다. 즉 1.1×0.9라고 하든 0.9×1.1이라고 하든 결과는 같다는 말이다.

지금은 몇 시?

어느 회사의 경비원이 야간 순찰을 돌고 있었다. 그런데 그때까지 퇴근을 하지 않고 일하고 있는 직원이 한 명 있었다.

경비원이 나타나자 깜짝 놀란 직원이 지금이 몇 시냐고 물어봤다. 그러자 경비원은 "흠, 시곗바늘은 정각 몇 시를 가리키지만, 그게 몇 시인지는 말하지 않을래요. 단, 현재 시각을 나타내는 숫자를 2와 3 그리고 4로 나눈 뒤 각각의 답을 합하면 현재 시각보다 1이 더 많아진답니다"라고 대답했다. 그렇다면 시계의 시침은 몇을 가리키는가? 단, 1부터 12까지의 숫자가 쓰인 시계를 본다고 가정한다.

 시계의 숫자 중 2와 3 그리고 4로 나눌 수 있는 숫자는 몇일까?

 시계의 숫자 중 2와 3 그리고 4로 나누어 떨어지는 숫자는 12밖에 없다.

$\frac{1}{2}+\frac{1}{3}+\frac{1}{4}=\frac{13}{12}$ 이 된다. 경비원의 말에 따르면 현재 시각이 ◆시라고 가정할 경우, ◆에다가 $\frac{13}{12}$ 을 곱한 값이 ◆보다 1이 더 크다. 따라서 ◆=12가 된다. 즉 현재 시각은

12시이다.

Answer 이 문제도 방정식으로 풀 수 있다. 현재 시각을 ◆라고 가정할 때, 경비원이 했던 말을 식으로 표현해 보면 (◆÷2)+(◆÷3)+(◆÷4)=◆+1이 된다. 즉 ◆÷12=1이라는 말이다. 따라서 ◆는 12가 된다.

12가 정답인지 검산을 해 보자. (12÷2)+(12÷3)+(12÷4)=6+4+3=13인데, 13이 ◆+1이니까 ◆는 12이므로 정답이다!

전기를 아낍시다!

어떤 건축가가 건물을 지으려고 하는데, 누군가 전기를 아끼는 방법을 알려 주겠다고 나섰다. 그 사람은 세 가지 방법을 이야기했는데, 첫 번째 방법을 쓰면 전력 소비량이 30%가 줄어들고, 두 번째 방법을 쓰면 45%가, 세 번째 방법을 쓰면 25%가 줄어든다고 했다.

그 말을 들은 건축가는 세 가지 방법 모두를 차례대로 쓰면 30%+45%+25%=100%이니까 전기세를 한 푼도 내지 않아도 되겠다고 생각했다. 하지만 건축가의 계산은 틀렸다. 세 가지 방법 모두를 쓴다 해도 전력 소비량이 0으로 줄어드는 건 아니기 때문이다.

그렇다면 건축가는 전력 소비량을 얼마까지 줄일 수 있을까? 그리고 만약 위의 단계들을 계속 반복하면 결국에는 전력 소비량이 0으로 줄어들까?

 두 번째 방법과 세 번째 방법에서 줄어드는 전력 소비량은 전체 대비 45%, 25%가 아니라는 점에 주의해야 한다.

Answer 안타깝지만 이 문제에서 아낄 수 있는 전기의 양은 건축가가 생각했던 것과는 다르다. 첫 번째 방법을 쓸 경우 전력 소비량을 30% 줄일 수 있지만 70%는 그대로 남아 있고, 두 번째 방법에서도 45%가 줄어들지만 55%는 그대로 남아 있다. 세 번째 방법에서는 줄어드는 전력 소비량이 25%이니까 75%는 계속 소비된다는 뜻이다.

그런데 두 번째 방법과 세 번째 방법을 사용할 때 줄어드는 소비량은 전체에 대비해서 45% 혹은 25%가 아니다. 즉 처음의 전력 소비량을 100%라고 가정할 때, 첫 번째 방식을 쓰면 전력 소비량이 70%로 줄어들지만, 두 번째 방법을 쓸 때에 줄어드는 전력의 소비량은 전체 대비 45%가 아니라 1단계에서 줄어든 양의 45%이다. 즉, 70%의 45%에 해당하는 양이 줄어든다는 뜻이다. 그렇게 세 가지 방법 모두를 쓸 경우 전력 소비량은 약 29%가 된다($100\% \times 70\% \times 55\% \times 75\% ≒ 29\%$).

곱셈의 교환법칙에 대해서는 이미 앞에서 설명했다. 다시 말해 어떤 순서대로 곱하든 결과는 마찬가지라는 것이다. 따라서 세 가지 방법 중 어떤 것을 먼저 쓰든 간에 아낄 수 있는 전기의 양은 똑같다.

위에서 말한 단계들을 계속 반복하면 전력 소비량은 물론 줄어든다. 그러면서 전력 소비량은 점점 더 0에 가까워지지만 아낄 수 있는 전기의 양도 점점 더 줄어든다는 것을 잊어서는 안 된다. 이미 전력 소비량이 줄어든 상태에서 그중 몇 퍼센트가 줄어드는 것이다. 그러므로 전력 소비량을 0%로는 줄일 수 없다.

수박의 무게

밭에서 막 딴 수박의 경우 수분이 전체 무게의 99%를 차지한다. 그런데 실어 나르는 과정에서 수분이 증발되면서 물이 차지하는 비중은 전체 무게의 98%로 줄어든다고 한다.

오늘은 밀러 씨네 수박밭에서 10t(10톤)의 수박을 수확해서 시장으로 실어 날랐다. 그러면 시장에 도착한 뒤 수박의 무게는 얼마였을까?

Hint 줄어든 수분의 양에 집중하지 말고 나머지 부분, 즉 '고체'의 무게에 초점을 맞추어야 한다.

Answer 밭에서 수박을 막 땄을 때의 상황부터 생각해 보자. 10t 중 99%는 수분이 차지한다고 했으므로 남아 있는 부분, 즉 '고체'의 무게는 10t의 1%에 해당하는 100kg이 된다.

그런데 트럭으로 수박을 실어 나르는 동안 수분은 줄어들지만 고체의 양은 변하지 않는다. 수분은 증발되지만 고체는 증발되지 않기 때문이다. 다시 말해 고체의 무게는 이동 뒤에도 100kg 그대로인 것이다. 그런데 밭에서 막 수확했을 때에는 100kg이 전체 무게의 1%였지만, 이동한 뒤에는 100kg이 전체 무게의 2%를 차지하게 된다. 수분의 비율이 99%에서 98%로 줄어들었기 때문에 그런 결과가 나오는 것이다.

100kg이 전체 무게의 2%라면 (전체 무게)×2%=100kg이므로 전체 무게는 100kg×50이 된다. 즉 트럭으로 실어 나른 뒤 수박의 무게는 5000kg, 곧 5t이 되는 것이다. 그 말은 이동 과정에서 수분이 5t이나 증발되었다는 뜻이기도 하다.

보너스 문제: 어떤 종류의 과일은 수확 당시에는 전체 무게의 90%를 수분이 차지하는데 트럭으로 실어 나른 뒤에는 수분 함유량이 89%로 줄어든다. 그 과일을 10t 수확한 뒤 시장으로 실어 나르면 무게가 얼마가 될까?

또 하나의 질문: 첫 번째 질문에서 뮐러 씨는 수분 함유량이 99%에서 98%로 줄어드니까 10t의 1%, 즉 100kg만큼만 무게가 줄어든다고 생각했다. 즉, 시장에 도착한 수박들은 모두 합해 9.9t이라고 생각한 것이다. 뮐러 씨의 생각은 왜 틀렸을까?

빨간 사탕, 파란 사탕

얼마 전 크리스토프와 마리아는 아버지로부터 사탕이 가득 든 상자 하나씩을 선물 받았다. 그런데 두 사람이 받은 사탕의 개수는 같았지만 크리스토프가 받은 상자 안에는 파란 사탕만 들어 있었고 마리아의 상자에는 빨간 사탕만 들어 있었다.

하지만 크리스토프는 파란 사탕만 갖고 있는 게 싫었고, 마리아도 빨간 사탕만 먹기는 싫었다. 그래서 마리아가 오빠에게 파란 사탕 몇 개를 달라고 하자 크리스토프 역시 사탕을 바꾸자고 제안했다.

이런 이유로 사탕을 교환하는 과정에서 몇 개가 바닥에 떨어졌다. 그러자 그중 몇 개는 크리스토프가, 몇 개는 마리아가 주워서 각자 자기 상자 안에 담았다. 그런 다음 상자 안의 사탕 개수를 세어 보니 다행히 크리스토프와 마리아의 상자 안에는 똑같은 개수의 사탕이 담겨 있었다.

그때 마리아가 물었다. "오빠, 내 상자 안에 든 파란 사탕의 개수가 오빠 상자 안의 빨간 사탕 개수보다 더 많아? 아니면 오빠 상자 안의 빨간 사탕 개수가 내가 가신 파란 사탕 개수보다 더 많아? 아니면 둘 다 똑같아?"

과연 사탕의 개수는 어떨까?

Answer

크리스토프와 마리아가 처음에 받은 사탕의 개수가 50개라고 가정해 보자. 그렇다면 두 사람이 사탕을 교환한 다음에도 각자의 상자에는 50개가 담겨 있었을 것이다. 그런데 마리아가 자기 상자 안의 사탕을 세어 보니 파란 사탕이 10개, 빨간 사탕이 40개였다면 크리스토프의 상자 안에는 반대로 빨간 사탕이 10개, 파란 사탕이 40개가 들어 있을 것이다.

두 사람이 갖고 있는 사탕의 개수가 똑같은 이상, 마리아의 상자 속 파란 사탕과 크리스토프의 상자 속 빨간 사탕의 개수는 똑같기 때문이다.

뒤섞인 와인

식탁 위에 와인 잔이 두 개 놓여 있다. 그중 하나에는 레드 와인이, 다른 하나에는 화이트 와인이 들어 있다. 그런데 마리아가 숟가락으로 레드 와인을 한 스푼 떠서 화이트 와인이 들어 있는 잔에 넣은 뒤 두 와인이 잘 섞이도록 휘저었다. 그러자 크리스토프도 지지 않겠다는 듯 원래 화이트 와인이 들어 있던 잔에서 내용물을 한 스푼 떠서 원래 레드 와인이 들어 있던 잔에 넣고 마구 저었다.

그 결과는 어떻게 되었을까? 원래 레드 와인이 들어 있던 잔에 들어간 화이트 와인의 양과 원래 화이트 와인이 들어 있던 잔에 들어간 레드 와인의 양이 똑같을지 알아맞혀 보자.

Hint 맨 처음에 두 잔에 담겨 있던 와인의 양과 한 스푼 옮긴 뒤의 와인의 양, 그리고 맨 마지막에 각 잔에 담겨 있는 와인의 양이 어떻게 달라지는지 잘 생각해 보아야 한다.

Answer 처음에 마리아가 옮겨 담을 때에는 화이트 와인이 담겨 있던 잔에 레드 와인만 한 스푼 들어갔다. 하지만 그다음에 옮긴 크리스토프의 숟가락에는 레드 와인과 화이트 와인이 섞여 있었다. 즉 레드 와인과 화이트 와인의 혼합물이 원래 레드 와인만 담겨 있던 잔으로 옮겨 간 것이다. 그렇다고 이제 화이트 와인 잔에 담긴 레드 와인의 양이 레드 와인의 잔에 담긴 화이트 와인의 양보다 더 많을 거라는 생각은 틀렸다.

두 잔에 각기 담긴 와인의 양은 마리아와 크리스토프가 각기 한 스푼을 옮겨 담기 전이나 옮겨 담은 후에나 똑같다. 즉 레드 와인 잔에서 빠져나간 양만큼의 레드 와인은 화이트 와인 잔에 담겨 있고, 화이트 와인 잔에서 빠져나간 양만큼의 화이트 와인은 레드와인 잔에 담겨 있는 것이다. 따라서 레드 와인 잔에 담겨 있는 화이트 와인의 양과 화이트 와인 잔에 담겨 있는 레드 와인의 양은 똑같다!

처음 한 스푼을 옮기고 난 뒤 두 잔에 담긴 액체의 양이 서로 달라지기 때문에 두 번째로 옮겨 담을 때 다른 양을 옮기게 된다고 착각하기 쉽지만, 실은 그렇지 않은 것이다.

공평하게 나누기:

사라진 1유로

아버지의 분배법

피자 나누기

도넛 자르기

할아버지의 용돈

5등급 사회

사라진 1유로

세 친구가 10유로씩 돈을 모아 30유로짜리 축구공 하나를 샀다. 그런데 다음 날 축구공을 산 바로 그 가게에서 특별 할인 행사를 시작했다. 30유로짜리 축구공이 하룻밤 사이에 25유로가 되어 버린 것이다. 다행히 맘 좋은 주인이 그들의 항의에 심부름꾼을 시켜서 세 친구에게 5유로를 돌려주도록 했다. 그런데 욕심이 난 심부름꾼은 세 친구에게 각기 1유로씩만 나눠 주고 나머지 2유로는 자기가 꿀꺽했다.

그런데 어라, 이게 웬일일까? 세 친구가 1유로씩을 돌려받았으니 결국 한 사람이 10유로가 아니라 9유로씩 낸 건데, 거기에다 심부름꾼의 주머니에 들어간 2유로를 합해도 30유로가 아니라 29유로밖에 안 된다. 그렇다면 나머지 1유로는 어디로 사라진 걸까?

 세 친구가 지불한 액수에다 심부름꾼이 꿀꺽한 액수를 더하는 게 과연 옳을까?

<small>Ans
Awer</small> 원래 축구공 가격인 30유로에서부터 생각을 정리해 보자. 처음에는 그 돈이 세 친구의 주머니에 들어 있었고, 축구공을 산 다음에는 가게 주인의 주머니에 들어갔다. 그리고 다음 날에는 가게 주인의 주머니에 25유로, 심부름꾼의 주머니에 2유로, 친구들의 주머니에 각각 1유로씩 들어 있게 되었다.

다시 정리하면 세 친구가 지불한 돈은 총 27유로였다. 그중 25유로는 가게 주인의 주머니에, 나머지 2유로는 심부름꾼의 주머니에 들어갔다. 그리고 3유로는 세 친구의 주머니에 각기 1유로씩 들어 있게 된 것이다.

아버지의 분배법

한 아버지가 출장을 다녀오면서 세 아들과 아내에게 나눠 주려고 초코바를 여러 개 사 왔다. 그런데 아버지가 초코바를 분배하는 방식은 너무나 불공평했다. 우선 첫째 아들에게 절반을 주겠다고 했는데, 개수가 둘로 나누어 떨어지지 않자 초코바 반 개(0.5개)를 더 얹어 주었다. 둘째 아들에게도 남은 초코바의 절반을 주겠다고 했는데, 마찬가지로 둘로 나누어 떨어지지 않아서 반 개를 더 주었다. 셋째 아들도 분배 방식은 같았다. 그렇게 모두 나눠 주고 나자 한 개가 남아 그 한 개는 어머니에게 돌아갔다.

그렇다면 아버지는 몇 개의 초코바를 사 온 것일까?

Hint 원래 몇 개였다면 쉽게 나누어 줄 수 있었을까? 만약 나누기 쉬운 개수만큼 아버지가 초코바를 사 왔다면 어머니의 몫도 한 개가 아니라 두 개가 되었을 것이다.

Answer 정답은 15개이다. 첫째 아들은 7.5개를 받아야 하는데, 반올림해서 8개를 받았고, 둘째 아들은 남은 7개의 절반인 3.5개를 받아야 하는데 다시 반올림해서 4개를 받았다. 셋째 아들은 3개의 절반인 1.5개를 받아야 하는데 이번에도 나누어 떨어지지 않으니 결국 2개를 받았고, 남은 1개는 어머니에게 돌아간 것이다.

만약 아버지가 16개를 사 왔다면 훨씬 더 쉽게 나눌 수 있었을 것이다. 16이라는 수는 2를 네 번 곱한 수($2 \times 2 \times 2 \times 2$)이니 결과적으로 어머니가 받은 초코바의 개수에다 4를 곱하면 첫째 아들이 받은 초코바의 개수가 나온다. 만약 아버지가 32개의 초코바를 사 왔고 초코바를 받을 사람이 총 5명이라면 $2 \times 2 \times 2 \times 2 \times 2$라는 식으로 선물을 나눌 수 있다. 초코바의 개수가 8개에 선물을 받을 사람이 3명일 때에도 똑같은 원리대로 나누면 된다.

1, 2, 4, 8, 16, 32 등 2의 제곱수들은 $2 \times 2 \times 2 \times \cdots$ 혹은 2^n이라고 쓰는데, 이 수들은 무언가를 공평하게 나눌 때 매우 편리하다. 반대로 2의 제곱수에서 1을 뺀 개수의 물건을 공평하게 나누기는 아주 힘들다. 나누어 떨어지지 않아서 분배를 할 때마다 늘 1개가 남기 때문이다.

보너스 문제: 문제에서 아들이 세 명이 아니라 네 명이었다면 아버지는 몇 개의 초코바를 사 왔어야 쉽게 나누어 줄 수 있었을까?

피자 나누기

보름달처럼 동그란 피자 한 판이 식탁 위에 놓여 있다. 여러분이 해야 할 일은 그 피자를 최대한 여러 조각으로 나누는 것이다. 이때 피자 조각의 모양이나 크기는 전혀 상관이 없이 어떻게든 많이 나누기만 하면 된다. 단, 피자 커터의 방향을 중간에 꺾을 수는 없다. 즉, 커터를 일직선으로만 굴려서 한쪽 가장자리에서 반대편 가장자리까지 가야 하는 것이다.

위 조건에 따라 한 번을 자르면 피자는 두 조각으로 나눠지고 두 번을 자르면 네 조각이 된다. 그럼 세 번을 자르면 최대 몇 조각이나 얻어질까? 그리고 그 상태에서 한 번 더 자르면 최대 몇 조각을 얻을 수 있을까?

 피자 커터를 두 번 굴리면 네 조각이 된다고 했다. 그 상태에서 커터를 어디에 대고 굴리면 최대한 많은 조각을 얻을 수 있을까?

세 번의 칼질로 최대 7조각을 얻을 수 있고, 한 번 더 칼질을 하면 최대 11조각을 얻을 수 있다.

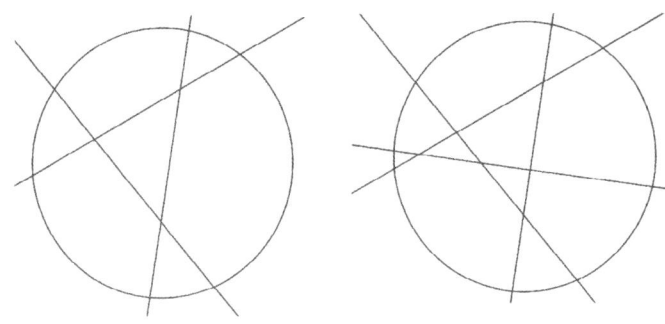

첫 번째 칼질로는 전체 피자를 2조각 낼 수 있고, 그다음 칼질로는 나누어진 각 조각들을 다시 2조각씩 나눌 수 있다(총 4조각). 세 번째 칼질로는 그 상태에서 3조각을 더 얻을 수 있고, 네 번째 칼질로는 4조각을 더 얻을 수 있다. 즉 피자를 한 번 자르면 2조각이 되고, 두 번 자르면 2+2조각, 세 번 자르면 2+2+3조각이 되는 것이다. 그러므로 만약 n번만큼 커터를 굴리면 2+2+3+⋯+n 조각을 얻을 수 있다. 이 식을 다시 정리하면 피자를 n번 자른 후 $\dfrac{n^2+n+2}{2}$ 개의 조각을 얻을 수 있다는 뜻이다.

$$2+2+3+\cdots+n$$
$$=1+1+2+3+4+\cdots+n=1+\frac{n(n+1)}{2}$$
$$=1+\frac{n^2+n}{2}=\frac{n^2+n+2}{2}$$

도넛 자르기

이번에는 피자 대신 도넛을 잘라 보자. 방법은 피자를 자를 때와 똑같다. 이번에도 모양과 크기는 중요하지 않으며 최대한 여러 조각으로 쪼개야 하는 것이 관건이다.

다만 도넛의 가운데 구멍을 통과하지 않는 부분에 칼을 넣고 가로로 잘라서는 안 된다. 또한 비스듬한 방향으로 칼날을 밀어 넣어도 안 된다.

위의 방식대로 잘랐을 때 세 번의 칼질로 최대 몇 개의 조각을 얻을 수 있을까?

Hint 처음에 자를 때에는 어떻게 해도 두 개보다 많은 조각을 얻을 수는 없다. 하지만 도넛은 중간에 구멍이 있기 때문에 두 번째 칼질부터는 더 많은 조각들을 얻을 수 있다.

Answer 칼질을 두 번만 해도 5조각을 얻을 수 있고, 세 번 자르면 무려 9조각이나 얻을 수 있다.

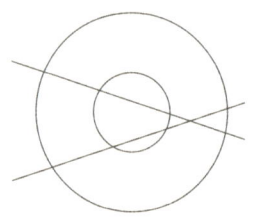
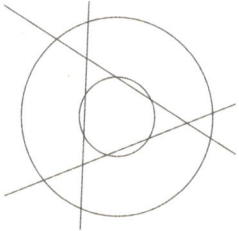

할아버지의 용돈

손자가 아주 많은 할아버지가 살고 있었다. 그 할아버지는 아이들 모두에게 용돈을 10유로씩 주고자 했다. 그런데 주머니 속의 돈과 아이들의 수를 계산해 보니 10유로씩 나눠 주면 한 명한테는 용돈을 전혀 줄 수 없게 되는 것이었다. 그래서 할아버지는 손자들에게 각기 8유로씩만 주기로 결정했다. 그러자 이번에는 할아버지의 주머니에 6유로가 남았다. 그렇다면 할아버지의 손자는 총 몇 명일까?

Answer 할아버지가 손자들에게 나이 순서대로 10유로씩 나눠 주었더니, 막내 손자에게는 1유로도 줄 수 없게 되어 버렸다. 그러자 막내 손자에게 미안해진 할아버지는 이미 용돈을 받은 아이들에게 각자 2유로씩 다시 돌려 달라고 했다. 그런 다음 그중 8유로(4명에게서 돌려받은 돈의 합)를 막내 손자에게 주고 나니 6유로가 남았다. 즉 할아버지에게는 8유로를 돌려준 4명과 그 8유로를 받은 1명, 그리고 나머지 6유로를 돌려준 3명을 더한 총 8명의 손자가 있는 것이다.

위 문제도 방정식을 이용해서 풀 수 있다. 이때 손자의 수는 x, 할아버지의 주머니에 원래 들어 있던 돈의 액수를 a라고 가정하자. 할아버지가 손자들에게 각기 10유로씩 줄 때를 식으로 나타내면 $a=10(x-1)$이 된다. 다시 말해 할아버지가 자신의 주머니에 든 돈 전부(a)를 1명을 제외한 나머지 아이들에게 10유로씩 나눠 주는 것이다.

또한 손자들에게 8유로씩을 나눠 준 뒤 할아버지의 주머니에 6유로가 남는 상황을 식으로 표현하면 $a=8x+6$이 된다.

이제 조금만 더 수학적으로 생각해 보자. 위의 두 가지 경우를 식으로 표현하면 각기 $a=10(x-1)$과 $a=8x+6$이다. 이때 좌변은 둘 다 a로 똑같다. 따라서 두 식의 우변들, 즉 $10(x-1)$과 $8x+6$ 사이에도 등식이 성립하므로 $10(x-1)=8x+6$이 되는 것이다.

여기서 괄호를 풀고 좌변과 우변을 정리하여 x의 값을 구하면 손자가 몇 명인지 알 수 있다. 즉 $10x-10=8x+6$에서 미지수를 한쪽으로 정리하여 $10x-8x=6+10$으로 바꾸면 결국 $2x=16$이 되어 $x=8$이라는 결과가 나온다.

5등급 사회

재산이 얼마인지에 따라 국민들을 다섯 등급으로 나누어서 관리하던 나라가 있었다. 최고의 부자들은 1등급, 아주 가난한 사람들은 5등급으로, 등급이 낮아질수록 더 가난하다는 뜻이었다.

그런데 어느 날 정부에서 중대한 발표를 했다. 국민 모두에게 재산을 골고루 나누어 주겠다는 내용이었다. 정부는 먼저 4등급과 5등급에 속한 사람들의 재산을 한데 뭉친 뒤 모두에게 똑같이 나누어 주었다. 즉 두 등급의 재산이 같아진 것이다. 그런 다음 4등급 사람들과 3등급 사람들의 재산을 합해서 다시 모두에게 공평하게 나누어 주었다. 이렇게 해서 마지막에는 1등급 사람들과 2등급 사람들의 재산을 합해서 모두에게 똑같이 나누어 주었다.

그런데 정부의 발표가 있자마자 맨 아래 등급부터 분배를 시작하면 자기들은 조금도 덕을 못 본다면서 5등급 사람들이 항의를 해왔다. 그 사람들은 먼저 1등급과 2등급의 재산을 합치고, 다음으로 2등급과 3등급을, 다음으로 3등급과 4등급을, 다음으로 4등급과 5등급을 합쳐야 한다고 주장했다.

여러분의 생각은 어떤가? 5등급 사람들의 말대로 하면 5등급 사람들이 더 큰 이익을 볼 수 있을까? 그리고 부자들은 두 가지 방법 중 어떤 쪽을 더 좋아할까?

 정부가 1등급부터 합치겠다고 발표했다면 부자들도 5등급 사람들처럼 화를 내며 항의했을까?

Answer 예를 들어 각 등급의 재산이 아래 도표와 같다고 가정해 보자. 아래 도표에서 각 등급에 속하는 사람들이 정확히 몇 개의 동전을 지니고 있는지는 중요하지 않다. 이는 임의로 두 개의 등급을 더한 뒤 둘로 나눈 값이 항상 정수로 떨어지도록 동전의 개수를 정해 둔 것뿐이기 때문이다.

1	🟠🟠🟠🟠🟠🟠🟠🟠🟠🟠🟠🟠🟠
2	🟠🟠🟠🟠🟠🟠🟠
3	🟠🟠🟠🟠
4	🟠🟠🟠
5	🟠

우선 정부가 제안한 방법, 즉 '밑에서부터 위로' 가는 방법부터 살펴보자. 4등급과 5등급을 평준화하고 나면 두 등급에 속하는 국민들은 각자 동전 2개씩을 갖게 된다. 그런 다음 3등급과 4등급을 평준화하면 각기 동전 3개를 갖게 되는데 그렇게 계속 위로 올라가면 다음 도표의 왼쪽과 같은 결과가 나오고, 반대로 '위에서부터 아래로' 평준화를 하면 다음 도표의 오른쪽과 같은 결과가 나오게 된다.

❶❶❶❶❶❶❶❶❶	1	❶❶❶❶❶❶❶❶❶
❶❶❶❶❶❶❶❶	2	❶❶❶❶❶❶❶
❶❶❶❶❶❶	↑ 3 ↓	❶❶❶❶❶❶
❶❶❶	4	❶❶❶
❶❶	5	❶❶❶

　왼쪽과 오른쪽을 비교해 보면 위에서부터 아래로 평준화를 했을 때 1등급과 5등급 사람들에게 유리한 결과가 나온 것을 확인할 수 있다. 이는 당연한 결과이다.

　2~3등급을 합친 다음 그 평균을 1등급과 합칠 때보다는 1~2등급을 곧바로 합칠 때 당연히 1등급 사람들에게 더 큰 몫이 돌아갈 테고, 맨 마지막인 5등급 사람들은 4등급 사람들이 이미 더 부자인 사람들과 평준화를 한 다음에 자기들과 재산을 합쳤으니 이런 결과가 나온다.

4. 논리:

수상한 책

숫자 알아맞히기 1

홀수와 짝수

주사위 게임

억만장자 퀴즈쇼

난쟁이의 모자 색깔

거짓말쟁이들의 파티

가짜 금화가 든 자루

누가 켈트족 전사로 선택되었나?

고장 난 눈썰매

체스판 위의 생쥐

수상한 책

책상 위에 제목도 없고 지은이가 누구인지도 적혀 있지 않은 아주 수상한 책이 한 권 놓여 있다.

책을 펼치니 첫 번째 페이지에 "이 책에 실린 내용 중 단 한 문장만이 진실이다"라고 적혀 있다. 두 번째 페이지에는 "이 책에 실린 내용 중 단 두 문장만이 진실이다"라고 적혀 있고, 세 번째 페이지에는 "이 책에 실린 내용 중 단 세 문장만이 진실이다"라고 적혀 있으며, 백 번째 페이지에는 "이 책에 실린 내용 중 단 백 문장만이 진실이다"라고 적혀 있다.

그렇다면 이 책에 실린 문장 중 진실을 말하는 문장은 과연 몇 개일까?

 책에 실린 내용 중 두 문장이 동시에 진실일 수 있을까?

어떤 문장들을 비교하더라도 두 개의 문장 중 진실인 문장은 한 개밖에 없다. 즉 둘 중 한 문장만 진실인 것이다. 그리고 그 진실의 한 문장은 바로 맨 첫 페이지에 실린 문장이다.

숫자 알아맞히기 1

친구에게 1부터 1000까지의 숫자 하나를 마음속으로 생각하라고 하자. 이제 여러분은 그 숫자가 몇인지를 알아맞혀야 한다. 이 게임의 규칙은 여러분이 친구에게 계속 질문을 할 수 있지만, 친구는 그 질문에 "예" 혹은 "아니요"라고만 대답할 수 있다는 것이다. 이 경우 여러분은 단 몇 개의 질문만으로 그 숫자를 알아맞힐 수 있을까?

Hint 만약 여러분이 "마음속으로 생각한 숫자가 1000인가요?"라고 물었을 때 친구가 "예"라고 대답한다면 여러분은 한 번 만에 숫자를 알아맞힐 수 있을 것이다. 하지만 만약 친구가 "아니요"라고 대답한다면, 남아 있는 숫자의 범위는 그다지 줄어들지 않는다. 이 경우 1000개에서 단 1개만 줄어든 상태이기 때문이다. 그렇다면 어떤 질문을 해야 숫자의 범위를 최대한 많이 줄일 수 있을까?

Answer 10개의 질문만 하면 상대방이 마음속으로 생각한 숫자를 알아맞힐 수 있다. 질문을 한 번 할 때마다 남아 있는 숫자의 범위를 반으로 좁힌다는 가정하에 말이다.

그러려면 첫 번째 질문은 "500보다 큰 수입니까?"가 되어야 한다. 상대방이 "아니요"라고 대답한다면 상대방이 생각한 수는 1부터 500까지 범위에 있다는 의미이다. 이 경우, 여러분은 다음으로 "250보다 큰 수입니까?"라고 물어야 한다. 그렇게 계속 범위를 줄여 나가면 숫자가 1개만 남는 때가 온다. (반대로 첫 번째 질문을 "500보다 작은 수입니까?"로 시작해도 마찬가지 방식으로 숫자를 알아맞힐 수 있다.)

홀수와 짝수

이번 게임도 친구와 함께하는 문제이다. 친구에게 쪽지 두 장을 주고 각각의 메모지에 숫자를 적어 보라고 하자. 이때 숫자 한 개는 홀수, 나머지 한 개는 짝수여야 한다는 전제를 둔다. 그런 다음 쪽지를 여러분이 볼 수 없게 엎어 놓으라고 한다. 이때 친구는 어느 종이에 짝수가 적혀 있고 어느 종이에 홀수가 적혀 있는지 기억하고 있어야 한다.

이제 두 장의 메모지 중 한 개를 가리키면서 거기에 적힌 숫자에다가 2를 곱하라고 한 다음, 다른 메모지에 적힌 숫자에는 4를 더하라고 한다. 마지막으로 그 두 결과를 더한 뒤 얼마인지 알려 달라고 하자. 그러면 여러분은 어느 쪽지에 홀수가 적혀 있고 어느 쪽지에 짝수가 적혀 있는지 금세 알아맞힐 수 있을 것이다.

Hint 연산을 하고 나면 짝수였다가 홀수가 되는 경우도 있고 홀수였다가 짝수로 바뀌는 경우도 있다. 또 연산을 한 뒤에도 홀수는 그대로 홀수이고 짝수는 그대로 짝수인 경우도 있다. 그 각각의 경우가 어떠한지 짐작해 보자.

Answer 친구가 한 첫 번째 연산(여러분이 첫 번째로 가리킨 메모지에 적힌 숫자에 2를 곱한 값)의 결과는 늘 짝수이다. 즉 그 메모지에 홀수가 적혀 있든 짝수가 적혀 있든 그 수에다가 2를 곱하면 언제나 짝수가 되는 것이다.

따라서 친구가 마지막에 알려 준 숫자가 홀수일지 짝수일지를 결정하는 것은 두 번째 연산이다. 어떤 수에다가 4를 더할 경우, 원래 홀수였다면 덧셈을 한 뒤에도 홀수가 나오고 짝수였다면 셈을 한 뒤에도 짝수가 된다.

뿐만 아니라 두 번째 결과(메모지에 적힌 숫자에다 4를 더한 값)와 첫 번째 결과(메모지에 적힌 숫자에 2를 곱한 값)를 더할 경우에도 두 번째 연산의 결과가 홀수라면 최종 결과는 홀수이고 그 결과가 짝수라면 마지막 결과도 짝수이다.

따라서 친구가 마지막에 알려 준 수가 짝수라면 첫 번째 메모지에는 홀수가, 두 번째 메모지에는 짝수가 적혀 있었다는 뜻이 된다. 반대로 마지막에 홀수가 나왔다면 첫 번째 메모지에는 짝수가, 두 번째 메모지에는 홀수가 적혀 있었던 것이다.

어떤 수에다가 짝수를 더할 경우, 원래의 수가 지니고 있던 성질은 변하지 않는다. 원래 수가 짝수였다면 그대로 짝수이고, 원래 홀수였다면 셈을 한 뒤에도 그대로 홀수이다. 하지만 어떤 수에다가 홀수를 더하면 원래 수가 지니고 있던 성질이 변한다. 홀수는 짝수로, 짝수는 홀수로 바뀌는 것이다.

  그런데 곱셈의 경우는 조금 다르다. 어떤 수에다가 짝수를 곱하면 늘 짝수가 되지만, 홀수를 곱할 경우에는 원래 수가 홀수이냐 짝수이냐에 따라 결과가 달라진다. 즉 홀수에다가 홀수를 곱하면 홀수, 짝수에다가 홀수를 곱하면 짝수가 된다.

주사위 게임

이번에 소개할 게임 역시 두 사람이 하는 것으로 주사위 두 개를 동시에 던져서 나온 눈의 수를 합하는 방식으로 진행된다. 이때 눈의 합이 홀수일 경우 던진 사람이 1점을 얻고, 눈의 합이 짝수인 경우에는 상대방이 1점을 얻는다. 그런데 과연 이 게임의 룰은 공평한 것일까?

Hint 단순히 눈의 합이 홀수인지 짝수인지보다는 어떤 숫자들의 조합인지가 더 중요하다.

Answer 주사위 두 개를 동시에 던질 경우, 눈의 합은 2부터 12까지이다. 두 주사위 모두 가장 작은 값인 1이 나올 경우 눈의 합은 2가 되고, 둘 다 가장 큰 값인 6이 나온다면 눈의 합은 12가 되기 때문이다.

그런데 2부터 12까지 11개의 숫자 중 짝수는 6개이고 홀수는 5개이다. 짝수가 홀수보다 한 개가 더 많은 것이다. 따라서 이것만 보면 홀수일 때 1점을 얻는 사람이 게임에서 질 확률이 더 높다고 생각될 것이다.

하지만 그것은 어디까지나 착각에 불과하다. 그 이유는 주사위가 두 개이기 때문이다. 첫 번째 주사위의 눈이 1이고 두 번째 주사위의 눈이 2라면, 눈의 합은 3이 된다. 반대로 첫 번째 주사위의 눈이 2이고 두 번째 주사위의 눈이 1일 때에도 눈의 합은 3이 된다. 눈의 합이 4가 되는 경우는 심지어 세 가지가 있다.

아래 그림에는 눈의 합이 2가 나오는 경우부터 12가 나오는 경우까지가 모두 나와 있는데, 전체 36개의 조합 중 짝수가 나오는 조합이 18개, 홀수가 나오는 조합도 18개임을 알 수 있다.

따라서 이 게임은 매우 공평한 게임이며, 이기느냐 지느냐는 순전히 운에 달린 것이다.

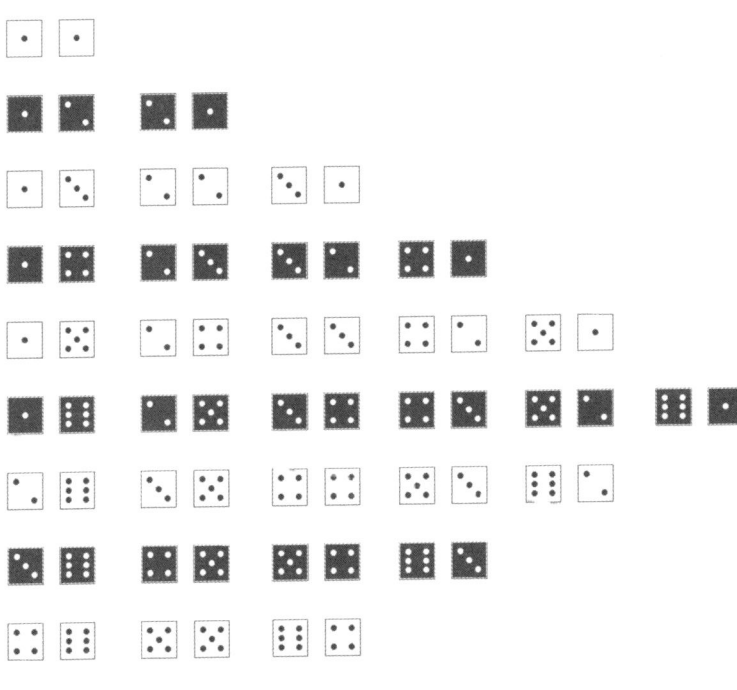

억만장자 퀴즈쇼

퀴즈쇼에 출연한 나를 상상해 보자. 나는 지금까지 여러 차례의 고비가 있었지만 그때마다 고맙게도 운명의 여신이 도와주어서 이제 단 한 개의 문제만 풀면 우승과 함께 억만장자가 될 수 있다. 그리고 그 문제란 바로 내 앞에 앉아 있는 두 사람 중 누가 진짜 전문가인지를 알아내는 것이다. 둘 다 자기가 진짜 전문가라고 주장하면서 자기를 선택해야 억만장자가 될 수 있다고 말한다. 나는 두 사람 중 신중하게 하나를 선택해야 한다. 그런데 사회자의 말에 따르면 둘 중 하나는 언제나 진실만을 말하는 진짜 전문가이고, 나머지 한 명은 어떤 질문을 해도 거짓으로만 대답하는 가짜 전문가라고 한다.

나에게 주어진 기회는 단 한 번뿐이다. 또한 둘 중 한 명에게 단 한 개의 질문만 할 수 있고, 질문을 마친 뒤에는 10초 안에 누가 진짜 전문가인지를 지목해야 한다.

과연 나는 이 문제를 무사히 풀고 억만장자가 될 수 있을까?

Hint 단순한 질문으로는 누가 진짜 전문가인지를 알아낼 수 없다. 만약 내가 "당신은 진실만을 말하는 전문가입니까?"라고 묻는다면 누구한테 묻든 "예"라는 대답밖에 안 나올 것이다. 진짜 전문가는 진실만을 말하고 가짜 전문가는 어떤 질문에 든 거짓만을 말하기 때문이다. 따라서 한 번의 질문으로 진짜 전문가를 알아내려면 어떻게든 그 질문 안에 두 사람을 모두 연관시켜야 한다.

Answer 여러분이 나라면 둘 중 한 명을 고른 뒤 "내가 만약 당신의 옆자리에 앉아 있는 사람에게 '당신은 진짜 전문가입니까?'라고 묻는다면 그는 뭐라고 대답할까요?"라고 물어야 한다.

만약 여러분이 고른 사람, 즉 여러분의 질문을 받은 사람이 진짜 전문가라면 진실만을 얘기할 것이다. 즉 자기 옆에 앉아 있는 사람은 가짜인데 거짓말을 해야 하니까 "예"라고 대답할 것이라고 알려 줄 것이다.

그리고 여러분이 처음 고른 사람이 가짜 전문가였다면, 자기 옆에 앉아 있는 사람은 "예"라고 대답할 테니까 가짜는 "아니요"라고 알려 줄 것이다.

결론적으로 여러분이 들은 대답이 "예"였다면 그 사람이 진짜 전문가이고, "아니요"였다면 그 사람이 가짜 전문가인 것이다.

난쟁이의 모자 색깔

어두컴컴한 동굴 안에 난쟁이들이 모여 살고 있었다. 난쟁이들은 모두 빨간 모자와 파란 모자 중 하나를 쓰고 있었는데 아쉽게도 그 동굴에는 거울이 없어서 그들은 자기가 무슨 색깔의 모자를 쓰고 있는지 알지 못했다.

어느 날 난쟁이들의 지도자가 명령을 내렸다. 한 명씩 차례로 동굴에서 나와 빨간 모자는 빨간 모자끼리, 파란 모자는 파란 모자끼리 모여 서라는 것이었다. 하지만 눈짓이나 몸짓 혹은 소리를 내어 친구가 무슨 색깔의 모자를 쓰고 있는지 알려 줘서는 안 된다고 조건을 달았다.

과연 아무 말도 하지 않고 눈짓이나 몸짓으로 서로에게 힌트도 주지 못하는 상황에서 난쟁이들이 그 임무를 완수할 수 있을까?

Hint 여러분이 난쟁이라면 동굴 밖으로 나온 뒤 어떻게 할 것인가? 한쪽에는 빨간 모자를 쓴 무리가 모여 서 있고 한쪽에는 파란 모자를 쓴 친구만 모여 있다면, 어디에 서야 절대로 틀리지 않을까?

Answer 첫 번째 난쟁이가 밖으로 나온 뒤 대충 자리를 잡고 선다. 두 번째 난쟁이는 그 옆에 선다. 그리고 세 번째 난쟁이는 그 중간에 서는 식으로 그렇게 계속 가다 보면 왼쪽에는 예컨대 파란 모자가 모이고 오른쪽에는 빨간 모자만 모이게 된다. 그 이유는 비록 말을 할 수는 없지만 적어도 친구가 어느 색깔 모자를 쓰고 있는지는 볼 수 있기 때문이다.

따라서 동굴에서 막 빠져 나온 난쟁이는 빨간 모자와 파란 모자의 가운데에 서기만 하면 문제가 해결된다.

물론 이때, 이제 막 두 무리의 가운데에 선 닌쟁이는 자신이 빨간 모자를 쓰고 있는지 파란 모자를 쓰고 있는지 알 수 없는 상태이다. 그 난쟁이가 자신의 모자 색깔을 알려면 다음으로 한 명이 더 나올 때까지 기다려야 한다.

거짓말쟁이들의 파티

어느 파티장에 모인 손님들이 모두 즐겁게 식사를 하고 있었다. 그런데 갑자기 한 명이 자리에서 벌떡 일어나더니 "이 파티에 참석한 사람들은 모두 다 거짓말쟁이야!"라고 외쳤다. 그러자 그 자리에 있던 사람들은 모두 터무니없는 소리라며 화를 냈지만 한 명만은 화를 내는 대신 껄껄 웃었다.
그 사람은 왜 웃었을까?

 자리에서 일어선 사람이 정확히 뭐라고 외쳤는지 다시 한 번 확인해 보자.

파티에 참석했다가 갑자기 거짓말쟁이라는 비난을 들으면 누구나 화가 날 것이다. 그런데 화를 내지 않고 오히려 껄껄 웃은 사람도 있다면 그 사람은 왜 그랬을까?
그건 바로 자리에서 일어난 손님이 "이 파티에 참석한 사람들은 '모두 다' 거짓말쟁이야!"라고 외쳤기 때문이다. 즉 그 말을 외친 바로 그 사람도 파티에 참석했으니 거짓말쟁이라는 뜻이고, 결국 파티에 참석한 사람은 모두 다 진실만을 말하는 사람이라고 외친 꼴이기 때문이다.

가짜 금화가 든 자루

금화가 가득 든 자루 열 개가 있다. 금화 한 개의 무게는 100g인데 자루 열 개 중 한 개에는 가짜 금화만 들어 있다고 한다. 가짜 금화 역시 진짜와 똑같이 생겼는데 차이점이라면 무게가 1g 덜 나간다는 것뿐이다.

다행히 여러분한테는 초정밀 디지털 저울이 있어서 가짜 금화를 찾아내는 건 시간문제이지만, 시간이 없어 저울을 딱 한 번만 써서 가짜 금화가 어느 자루에 들어 있는지를 알아내야 하는 상황이다. 어떻게 하면 한 번 만에 어느 자루에 가짜 금화가 들어 있는지 알아낼 수 있을까?

Hint 진짜 금화 20개를 저울 위에 올리면 2000g이 나간다. 만약 금화를 20개 올렸는데 1995g밖에 되지 않는다면, 그중 가짜 금화가 몇 개 포함되어 있는지를 쉽게 알 수 있다.

Answer 10개의 자루들을 죽 늘어놓은 뒤, 첫 번째 자루에서는 금화 1개를, 두 번째 자루에서는 2개를, 세 번째 자루에서는 3개를 꺼낸다. 그러다 보면 열 번째 자루에서는 10개를 꺼내게 된다. 이렇게 꺼낸 금화의 개수는 총 55개가 되는데 이 모두를 저울 위에 올려서 무게를 재 보도록 한다.

전부가 진짜 금화라면 100g×55개=5500g이 되겠지만, 그중에는 분명 가짜가 포함되어 있다고 했다. 즉, 5500g보다는 분명 가벼울 것이다.

가짜 금화가 첫 번째 자루에 들어 있다면 금화의 무게는 5500g에서 1g이 모자랄 것이다. 그리고 두 번째 자루에 가짜 금화가 들어 있다면 2g이 부족할 것이다. 만약 5500g에서 7g이 부족하다면 일곱 번째 자루에 가짜 금화가 들어 있다는 말이 된다.

누가 켈트족 전사로 선택되었나?

어느 마을에 켈트족이 모여 살고 있었다. 그중 몇 명은 전쟁의 신의 부름을 받은 자, 즉 전사였다. 전쟁의 신은 자신이 선택한 전사들의 이마에 따로 표시를 해 두었지만 마을 사람들에게는 누가 전사로 선택되었는지 알려 주지 않았다. 대신 한 사람 이상이 전사로 선택되었다는 것은 알려 주었는데 그 마을에는 거울이 없어서 선택받은 사람도 자신이 전사가 되었다는 사실을 알 수 없었다. 뿐만 아니라 비바람이 몰아치고 늘 흐린 날씨여서 강물이나 연못에 자기 얼굴을 비추어 볼 수도 없었다. 하지만 서로간에 얼굴은 볼 수 있어 이웃집에 사는 사람이 신의 부름을 받았는지 아닌지는 알 수 있었다.

그러던 어느 날 전쟁의 신은 마을 사람들에게 입은 꼭 다문 채 누가 전사이고 누가 전사가 아닌지를 알아내라고 명령했다. 마을 사람들은 전쟁의 신이 낸 숙제를 풀기 위해 매일 아침 집 밖으로 나와 서로의 얼굴을 쳐다본 뒤 다시 집으로 돌아가는 생활을 시작했다.

첫날에는 아무 일도 일어나지 않았다. 둘째 날에도 아무 일도 일어나지 않았다. 그런데 열 번째 날 아침, 몇 명이 환하게 웃었다. 그들은 자신이 전사로 선택되었다는 사실을 알게 되어서 기뻤던 것이다.

그 마을 사람들 중 몇 명이 켈트족 전사로 선택되었는지 알아내 보자.

 만약 전사가 단 한 명밖에 없다면 첫날 아침 어떤 일이 벌어졌을까?

 어려운 문제 같지만 차근차근 생각해 보면 금세 풀 수 있다.

우선 전사가 1명인 경우부터 생각해 보자. 그 사람은 첫날 아침에 나머지 사람들 중 이마에 표시를 지닌 사람이 아무도 없다는 사실을 깨달았을 것이다. 그런데 적어도 한 명은 전사로 뽑혔다고 했으니 그 사람은 자신이 바로 선택받은 사람이라는 것을 알고 환하게 웃음을 지었을 것이다.

전사가 2명인 경우에는 어떻게 알게 되었을까? 첫날 아침, 두 사람 다 마을 사람 중 한 명이 전사로 선발되었다는 사실을 확인했을 것이다. 하지만 전사가 한 명뿐인지 그 이상인지는 알 수 없었다. 따라서 두 사람은 집으로 돌아간 뒤 각자 생각에 잠겼을 것이다. 그리고는 '방금 한 명의 이마에서 전사의 표시를 확인했어. 만약 그 사람이 나머지 사람들의 이마에서 전사의 표시를 발견하지 못했다면 그는 자기만이 유일하게 전사로 선택되었다는 사실을 금방 알아차리고 환하게 웃음을 지었겠지? 그런데 그 사람은 아무런 표정도 짓지 않았어. 그 말은 즉 나머지 사람들 중에서 전사로 선택받은 사람이 있다는 뜻이야. 그런데 내가 본 사람들 중 이마에 표시를 지닌 사람은 그 사람뿐이었어. 즉 나도 전사가 되었다는 거야!' 라는 결론을 내릴 수 있었을 것이다. 그래서 다음 날 아침, 선택받은 두 사람이 환하게 미소를 지었을 것이다.

전사의 수가 두 명 이상으로 늘어나더라도 알아내는 방법은 똑같다. 전사로 선택받은 사람이 3명인 경우는 여러분이 직접 한 번 생각해 보자.

그리고 이 문제의 답은 10명이다. 모두가 자신이 전사인지 아닌지 고민하다가 열흘째 되는 날 비로소 환하게 웃는 이들이 나왔으니까 말이다.

고장 난 눈썰매

어느 추운 겨울날, 아버지는 두 아이 크리스토프와 마리아에게 눈썰매를 타러 가자고 제안했다. 그러자 마리아가 자기 친구인 이본느도 데려가자고 했다. 네 사람은 하루 종일 신나게 썰매를 탔다. 그런데 놀다 보니 어느새 땅거미가 지고 주위가 어두워졌다. 이제 집으로 돌아가야 하는데 집에 가기 위해서는 가파른 언덕 하나를 내려가야 한다. 그런데 그 순간 눈썰매 세 개가 고장이 나고 말았다.

썰매 한 개에는 최대 어른 한 명과 아이 한 명밖에 타지 못한다. 그래서 아버지는 차례대로 아이를 하나씩 태워서 아래쪽으로 내려가기로 했다. 그런데 또 문제가 생겼다. 크리스토프가 여자아이를 너무 괴롭히는 장난꾸러기여서 둘만 남겨두기엔 걱정이 된 것이다. '둘만 남겨둔다면 크리스토프가 마리아를 울리겠지? 크리스토프와 이본느만 남겨두어도 결과는 마찬가지일 테고…….' 고민 끝에 아버지는 기발한 방법을 생각해 냈다.

아버지는 과연 어떤 방법으로 여자아이들을 울리지 않고 평화롭게 집으로 돌아갈 수 있었을까?

 언덕을 내려왔다가 다시 위로 올라가야 하는 사람도 있다.

Answer

우선 아버지가 크리스토프와 함께 썰매를 타고 언덕을 내려온다. 그런 다음 아버지는 다시 언덕 위로 올라가고 크리스토프는 아래에서 기다린다. 다음으로 아버지는 마리아를 데리고 내려왔다가 크리스토프를 데리고 다시 위로 올라간다. 이번에는 크리스토프를 언덕 위에 남겨둔 뒤 이본느를 데리고 아래로 내려온다. 마지막으로 아버지 혼자 올라가서 크리스토프를 데리고 내려오면 모두가 평화롭게 집으로 돌아갈 수 있다.

체스판 위의 생쥐

배고픈 생쥐 한 마리에게 기적이 일어났다. 햄과 치즈 조각이 가득 놓인 체스판을 발견한 것이다. 체스판 위에는 다음쪽 그림처럼 검은 칸에는 햄 조각이, 흰 칸에는 치즈 조각이 놓여 있었다. 생쥐는 왼쪽 아래편 귀퉁이에 놓인 햄 조각부터 허겁지겁 먹기 시작했다. 그런 다음에는 이웃 칸의 먹이를 먹어 갔다. 그런데 이때 생쥐는 오른쪽이나 왼쪽, 위쪽이나 아래쪽으로는 이동할 수 있지만 대각선 방향으로는 옮겨 갈 수 없다. 빈칸, 즉 이미 먹이를 먹어 치운 칸으로도 옮겨 갈 수 없다면 생쥐는 과연 체스판 위에 놓인 먹이들을 다 먹어 치운 뒤 맨 오른쪽 위편의 검은 칸에서 식사를 끝낼 수 있을까?

 첫 번째 칸과 마지막 칸에는 무엇이 놓여 있는지 확인해 보면 된다.

Answer 생쥐는 먹이를 다 먹고 오른쪽 맨 위의 칸에서 식사를 끝낼 수 없다. 그 이유는 다음과 같다.

체스판은 총 64칸으로 이루어져 있고 흰 칸과 검은 칸이 지그재그로 연결되어 있다. 따라서 생쥐는 매번 치즈 조각에서 햄 조각으로, 햄 조각에서 치즈 조각으로 옮겨 가야 하고, 총 63번을 옮겨 가야 마지막 칸에 도착할 수 있다.

맨 처음에 햄이 놓여 있는 왼쪽 아래 칸부터 먹기 시작했으므로 그다음에는 치즈를 먹어야 하고, 그다음에는 다시 햄을 먹어야 한다. 즉 짝수 번을 이동하면 햄이 있는 칸에 도착하고 홀수 번을 이동하면 치즈가 있는 칸에 도착하는 것이다. 따라서 63번을 이동하면 치즈가 있는 칸에 도착한다. 그런데 오른쪽 맨 위 칸에는 치즈가 아니라 햄이 놓여 있다. 그러므로 생쥐는 오른쪽 맨 위 칸에서 식사를 끝낼 수 없다.

5. 시간과 속도:

계란을 맛있게 삶으려면?

고속도로의 평균 속도

대서양 횡단

도화선에 불 붙이기

지하철에서

달력의 날짜

시곗바늘

위험한 다리

계란을 맛있게 삶으려면?

탁자 위에 모래시계가 두 개 있다. 그중 한 개는 모래가 다 내려가기까지 8분이 걸리고, 다른 한 개는 5분이 걸린다. 그런데 여러분이 측정해야 하는 시간은 5분이나 8분이 아니라 4분이다. 전기 찜기를 이용해서 계란을 맛있게 삶으려면 딱 4분만 익혀야 하기 때문이다. 어떻게 하면 두 개의 모래시계를 이용해서 정확히 4분을 잴 수 있을까?

Hint 5분짜리 모래시계를 모래가 다 내려가자마자 계속 다시 뒤집으면 몇 분과 몇 분을 잴 수 있는가? 또 8분짜리 시계로는 몇 분과 몇 분을 잴 수 있는지 고민해 보자.

Answer 5분짜리 시계로는 5분과 10분, 15분, 20분 등을 잴 수 있고, 8분짜리 시계로는 8분과 16분, 24분 등을 잴 수 있다.

이제 두 시계를 동시에 작동시킨 뒤 모래가 내려가는 순서대로 그 시계를 다시 뒤집는다. 그리고 8분짜리 시계의 모래가 두 번째로 완전히 내려가는 순간(16분) 계란을 기계에 넣고, 5분짜리 시계의 모래가 네 번째로 완전히 내려가는 순간(20분) 전원을 끈다. 그러면 계란을 정확히 4분만 익힐 수 있다.

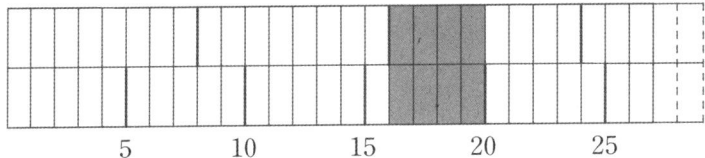

고속도로의 평균 속도

베를린에 사는 뮐러 씨가 뮌헨으로 출장을 갈 일이 생겼다. 베를린에서 뮌헨까지의 거리는 대략 600km이지만 주말이라 그런지 고속도로가 많이 막혀서 시간당 평균 80km(80km/h)밖에 속도를 내지 못했다. 하지만 다행히 돌아올 때에는 평일이어서 마음껏 속도를 낼 수 있었다.

만약 갈 때와 올 때의 평균 속도를 시간당 120km에 맞추고 싶다면 뮐러 씨는 뮌헨에서 베를린으로 돌아올 때 얼마의 속도로 달려야 할까?

Hint 돌아오는 길에 시속 160km로 달리면 평균 속도가 120km/h가 될지 계산해 보자.

Answer 두 곳의 거리는 대략 600km이니까 뮐러 씨가 달린 전체 구간은 600km에 2를 곱한 1200km이다. 1200km를 시간당 120km로 달리려면 10시간이 걸릴 테지만 주말의 혼잡함으로 뮐러 씨는 베를린에서 뮌헨으로 갈 때 시속 80km밖에 내지 못했다. 즉 600km를 달리는 데에 총 7.5시간이 걸렸다는 뜻이다. 따라서 평균 시속을 120km에 맞추려면 2.5시간 만에 뮌헨과 베를린 사이의 구간을 주파해야 한다. 그러려면 시속 240km로 달려야 하는데, 이론적으로야 가능하지만 너무 위험하지 않을까!

보너스 문제: 평균 속도를 160km/h에 맞추려면 돌아오는 길에 시속 얼마로 달려야 할까?

대서양 횡단

거대한 배 한 척이 대서양을 횡단하려고 한다. 배는 줄곧 직선 방향으로만 항해할 예정인데 함부르크에서 뉴욕까지는 6000km로, 이 거리를 배로 가려면 120시간이 걸린다고 한다. 즉 평균 시속이 50km쯤 되는 것이다. 그런데 파도가 높을 때에는 50km/h로 달리지 못한다. 대신 날씨가 다시 화창해지면 50km/h보다 좀 더 빨리 항해할 수 있다. 다시 말해 늘 정확히 시속 50km로 달릴 수 있는 건 아니다.

그렇다면 전체 120시간 중 그 배가 정확히 50km/h로 달린 시간이 최소한 1시간은 있을까? 단, 여기에서 말하는 1시간이 정확히 정각 몇 시에서 정각 몇 시까지의 시간일 필요는 없다.

Hint 만약 날씨가 매우 화창하고 바람이 거의 없었다면 한 시간에 50km보다 더 많은 구간을 항해할 수 있을 것이다. 하지만 '평균' 50km/h라고 했으니까 빨리 달린 적이 있다면 분명 천천히 항해한 적도 있어야 한다.

Answer 1시간에 정확히 50km만 이동한 적이 분명 있다.
전체 구간(6000km)을 총 소요 시간(120시간)으로 나누면 시속(50km/h)이 된다('시속'이란 말은 시간당 그만큼의 거리를 이동했다는 뜻이다). 따라서 전체 구간을 총 소요 시간으로 나누면 50km짜리 구간이 120개가 나온다. 그런데 배가 1시간 내내 정확히 50km/h로 달린 적은 아마 없을 것이다. 속도를 정확하게 유지하는 것은 어렵기 때문이다. 그러니 50km를 이동하는 데에 1시간보다 조금 더 걸린 적도 있고 조금 덜 걸린 적도 분명 있을 것이다. 우리는 그 두 구간을 따로 떼어 생각해 봐야 한다. 두 구간의 속도를 평균으로 내면 50km/h가 된다는 전제하에.

그 두 구간(첫 구간이 50km를 이동하는 데에 1시간보다 조금 더 걸린 느린 구간, 두 번째 구간이 50km를 이동하는 데에 1시간보다 조금 덜 걸린 빠른 구간)이 이어져 있다고 가정해 보자. 그런 다음 그 출발점 위에 길이가 50km인 막대를 올려놓고 서서히 오른쪽으로 이동시켜 보자. 이때 이동 중에도 막대의 길이는 변함없이 50km이어야 한다. 단, 막대를 이동할 때 속도를 조금씩 당겨야 한다. 그래야 느리게 달린 첫 번째 구간에서 잃어버린 시간을 만회할 수 있다.

그런데 그렇게 계속 밀다 보면 어느 순간, 막대가 정확히 1시간 만에 한 구간(50km)을 통과하는 구간이 생긴다. 그리고 그게 바로 우리가 찾고 있는 구간이다.

그 구간을 기준으로, 그 이전의 구간은 시속 50km보다 느리게 달린 구간이 되고 그 이후의 구간은 시속 50km보다 빨리 달린 구간이 된다.

도화선에 불 붙이기

지금 여러분 앞에는 두 개의 도화선이 있다. 이제 곧 도화선에 불을 붙일 예정인데 두 도화선은 더도 말고 덜도 말고 정확히 1분 동안 탄다고 한다. 그렇다면 어떻게 해야 이 두 개의 도화선을 이용해 정확히 45초를 잴 수 있을까?

Hint 우선 쉬운 것부터 해결해 보자. 즉, 45초가 아니라 30초를 재는 방법부터 생각해 보는 것이다. 그러자면 도화선은 2개가 아니라 1개만 있으면 된다!

Answer 30초를 재고 싶다면 1개의 도화선 양쪽 끝에 동시에 불을 붙이면 된다. 불꽃은 도화선의 가운데에서 서로 만난다. 이때가 30초가 된 순간이다. 즉, 심지가 다 탄 순간이 바로 30초인 시점이 되는 것이다.

그런데 45초를 재려면 도화선이 반드시 2개이어야 한다. 45초를 잴 때 첫 번째 심지는 양쪽 끝에 불을 붙이고 두 번째 심지는 한쪽에만 불을 붙여야 한다. 이 경우엔 첫 번째 심지가 다 타는 순간, 즉 정확히 30초가 지난 순간에 두 번째 심지의 나머지 쪽에도 불을 붙이면 된다. 그러면 두 번째 심지의 두 불꽃이 만나는 순간이 정확히 15초가 지난 시점이 될 것이다. 이렇게 해서 30초+15

초, 즉 45초를 잴 수 있다.

보너스 문제: 도화선이 세 개라면 몇 초를 측정할 수 있을까?

지하철에서

마리아와 이본느가 집으로 돌아가기 위해 중앙역에서 지하철을 탔다. 그런데 갑자기 마리아가 "반대편에 5분마다 지하철 한 대가 지나가고 있어. 그렇다면 우리가 지하철을 탄 역(중앙역)의 반대 방향에는 1시간에 총 몇 대의 지하철이 도착할까?"라고 질문을 던졌다.

만약 양 방향의 지하철이 같은 속도로 달린다면 중앙역에는 한 시간에 총 몇 대의 열차가 도착할까?

Hint 1시간은 60분이고, 60을 5로 나누면 12가 되니까 이본느는 주저하지 않고 12대라고 말했다. 하지만 이본느는 정말 중요한 사실을 깜박하고 있었다!

Answer

만약 두 사람이 지하철을 타고 있지 않다면, 다시 말해 플랫폼에 서 있다면 60분을 12개로 나누어서 반대 방향에 총 12대의 지하철이 통과한다는 말이 맞다. 하지만 마리아와 이본느는 지금 달리는 지하철 안에 있다. 그리고 이 경우 얘기는 전혀 달라진다!

반대편에 첫 번째 열차가 지나간 뒤 다시 또 한 대의 열차(두 번째 열차)가 지나갈 때까지 5분이 걸렸다. 그 두 번째 열차는 5분 후에 두 사람이 지금 타고 있는 열차와 첫 번째로 스쳐 지나간 열차가 만났던 지점에 도달할 것이다. 즉 그 열차(두 번째 열차)가 그 지점(두 사람이 탄 열차와 첫 번째 열차가 만났던 지점)에 도착하기까지는 총 10분이 걸린다. 따라서 중앙역에는 1시간에 6대의 열차가 통과한다.

달력의 날짜

이번에는 달력을 이용한 게임이다. 일주일 단위로 줄이 바뀌는, 우리가 흔히 사용하는 달력 하나를 준비하자.

그리고 친구에게 아래 그림처럼 달력에서 가로로 세 줄, 세로로 세 줄을 선택하라고 한다. 그중 가장 작은 수가 얼마인지만 이야기한 후 총 9개의 숫자를 얼른 더하라고 하자.

친구가 머릿속으로 열심히 덧셈을 하는 동안 여러분은 친구가 말한 수에다가 8을 더한 뒤 거기에다가 9를 곱한다. 그 수가 바로 친구가 고른 9개의 숫자를 더한 값이 된다.

			1	2	3	4
5	6	7	8	9	10	11
12	13	14	15	16	17	18
19	20	21	22	23	24	25
26	27	28	29	30		

친구가 여러분에게 말해 준 가장 작은 수와 나머지 수들의 차이가 각각 얼마인지 생각해 보자.

Answer 친구는 아홉 개의 숫자 중 가장 작은 수를 여러분에게 알려 주었다. 이어지는 숫자 두 개는 당연히 거기에다 각각 1과 2를 더한 수일 것이다. 따라서 친구가 말한 숫자에다 3을 곱하고, 거기에 다시 3을 더하면 첫 줄에 있는 세 숫자의 합이 된다.

그다음 줄에 있는 세 개의 숫자들은 앞서 나온 숫자 세 개보다 각기 7씩 더 큰 수이다. 정확히 일주일 뒤의 날짜들이니 이는 당연하다. 따라서 이 숫자들은 친구가 말해 준 숫자에서 각기 7, 8, 9를 더한 것들이다. 즉 친구가 말한 숫자에다 3을 곱한 뒤 거기에 24(=7+8+9)를 더하면 되는 것이다.

이제 세 번째 줄만 해결하면 된다. 그 수들은 친구가 말한 수에 14, 15, 16을 더한 수이다. 즉 친구가 말한 수에 3을 곱한 뒤 거기에다 45(=14+15+16)를 더하면 된다는 말이다.

마지막으로 세 줄의 숫자들을 모두 합하는 일이 남아 있지만 그 합은 아마도 친구가 말한 수에다가 9를 곱한 뒤 72(=3+24+45)를 더한 수가 될 것이다. 즉 친구가 말한 수를 x라고 가정할 때 $9x+72$가 9개의 숫자 전부를 더한 답인 것이다.

그런데 이 결과는 친구가 말해 준 숫자에다 8을 더한 뒤에 거기에다 9를 곱한 것과 같다. 즉 $(x+8)\times 9$가 되는 것이다. 친구가 달력의 어느 위치에서 가로 세 줄, 세로 세 줄을 선택해도 결과는 마찬가지이다.

$9x+72$가 나오게 된 이유

	x	$x+1$	$x+2$			
	$x+7$	$x+8$	$x+9$			
	$x+14$	$x+15$	$x+16$			

$x+(x+1)+(x+2)+(x+7)+(x+8)+(x+9)+(x+14)+(x+15)+(x+16)=9x+72$

시곗바늘

방금 시계의 긴바늘(분침)과 짧은바늘(시침)이 서로 겹쳤다. 두 시곗바늘이 다시 겹치기까지 시간은 얼마나 걸릴까?

 긴바늘이 짧은바늘보다 몇 배로 빨리 '달리는지' 생각해 보아야 한다.

시침이 한 바퀴 도는 데에는 열두 시간이 걸리고 분침이 한 바퀴 도는 데에는 한 시간이 걸린다. 이는 분침이 시침보다 열두 배 빨리 달린다는 말이기도 하다. 다시 생각하면, 시침이 지나간 각도를 α라고 가정할 때 분침은 이미 그 열두 배인 12α만큼을 지나갔다는 뜻이다. 따라서 두 바늘 사이의 차이, 즉 시침이 α만큼 이동했을 때 두 바늘 사이의 각도는 $12\alpha - \alpha$이니까 11α가 된다.

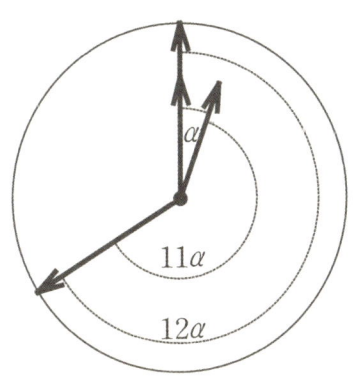

그런데 분침과 시침이 겹친다는 말은 두 바늘 사이의 각도가 360°라는 뜻이다. 즉 분침이 얼른 한 바퀴를 돌아서 시침이 있는 위치에 도달했다는 말이다. 그것을 식으로 나타내면 $11\alpha=360°$ 가 되고, 이 식을 바탕으로 α가 얼마인지 알 수 있다. 즉 $\alpha=360°\div11≒32.7°$이다. 그리고 이 말은 곧 분침과 시침이 다시 겹치기까지 시침이 32.7°만큼 이동했다는 뜻이다.

그런데 시침은 한 시간에 360°의 $\frac{1}{12}$만큼 이동한다. 즉 30°를 이동하는 것이다. 따라서 32.7°만큼 이동한 것은 시간으로 환산하면 65분하고도 24초 정도가 지났다는 것을 나타낸다.

위험한 다리

휴일을 맞은 밀러 씨 부부와 아들딸 네 사람은 야외로 소풍을 갔다. 그리고는 시간 가는 줄도 모르고 즐겁게 놀다 보니 어느새 사방이 캄캄해져 있었다. 집으로 바삐 돌아오던 밀러 씨 가족 앞에 좁고 위험한 다리 하나가 나타났다. 그런데 그 다리는 겨우 두 사람이 다닐 정도로 좁은 것도 문제였지만, 무엇보다 튼튼하지 않아서 한 번에 두 사람보다 많이 올라가면 무너질 수도 있다는 안내판이 있었다. 어떻게 하면 밀러 씨 가족이 안전하게 집으로 돌아갈 수 있을까?

참고로 다리를 건너는 데에 걸리는 시간은 사람마다 다르다. 중학생인 딸은 다리를 1분 만에 건널 수 있지만 어린 동생은 2분이 필요하고, 겁이 많은 밀러 부인은 4분, 몸무게 때문에 조심조심 건너야 하는 밀러 씨는 5분이 걸린다고 한다.

그런데 문제가 하나 더 있었다. 주변이 너무 깜깜해서 앞이 전혀 보이지 않는 상태에서 손전등이 하나밖에 없었던 것이다. 그 때문에 다리를 건넌 사람 중 한 명이 아직 다리를 건너지 않은 사람들에게 손전등을 갖다 주어야 하는 상황이었다.

그렇다면 밀러 씨 가족이 가장 빨리 다리를 건너는 데에는 총 몇 분이 필요할까?

Answer

다리를 건너는 데 걸리는 최단 시간은 12분이다. 그 비결은 바로 아주 느린 사람과 아주 빠른 사람이 함께 다리를 건너지 않는 것에 있다. 그 과정은 다음과 같다.

먼저 딸과 아들이 다리를 건넌다(총 2분).

그런 다음 아들이 손전등을 들고 다시 원래 지점으로 돌아온다(다시 2분 더해져 지금까지 총 4분).

다음으로 뮐러 씨와 아내가 다리를 건넌다. 뮐러 씨가 뮐러 부인보다 더 느리니 이번에는 다리를 건너는 데에 5분이 걸린다. 따라서 지금까지 소요된 총 시간은 9분이다.

이번에는 딸이 손전등을 건네받아서 동생이 기다리고 있는 원래의 지점으로 돌아온다(1분 더해져 총 10분).

그런 다음 동생과 함께 다리를 건너 부모님이 기다리고 있는 곳으로 간다(다시 2분 더해져 총 12분).

이렇게 하면 총 12분 만에 무사히 다리를 건널 수 있다(2분+2분+5분+1분+2분=12분).

보너스 문제: 뮐러 부부에게 자녀가 세 명이 있다면, 그리고 그 세 명이 각기 다리를 건너는 데에 1, 2, 3분이 걸리고 뮐러 부인은 6분, 뮐러 씨는 7분이 걸린다면 이 가족이 다리를 건너는 데에 걸리는 최단 시간은 얼마일까?

정사각형과 주사위:

아홉 개의 점 1

아홉 개의 점 2

주사위 예술가

주사위와 소수

붉은색 주사위

두부 자르기

아홉 개의 점 1

아래 그림과 같이 가로로 세 개, 세로로 세 개인 총 아홉 개의 점이 있다.

이번에 풀어야 할 문제는 이 점들을 모두 잇는 것이다. 그런데 여기에는 몇 가지 조건이 있다. 점을 이을 때는 직선만 사용해야 하고, 사용할 수 있는 직선의 개수도 네 개로 제한되어 있다. 뿐만 아니라 그 네 개의 직선들을 손을 떼지 않고 한 번에 그릴 수 있어야 한다.

과연 이 문제를 푸는 방법은 어떤 것이 있을까?

 '넓게' 생각해야 한다.

 직선을 그을 때 점들의 경계 밖으로 선이 빠져나가면 안 된다고 생각하기 쉽지만, 그렇게 해서는 문제를 풀 수가 없다. 따라서 이 문제를 풀려면 아래 그림처럼 선을 그어야 한다.

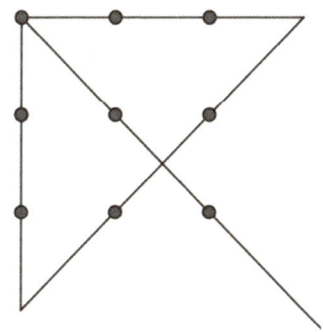

아홉 개의 점 2

이번 문제도 가로로 세 개, 세로로 세 개씩 놓인 총 아홉 개의 점과 관련된 것이다.

위 그림에서 세 개의 점을 연결하는 직선은 총 여덟 개가 나온다. 가로 방향의 직선이 세 개, 세로 방향도 세 개, 대각선 방향으로 두 개가 나오기 때문이다.

그런데 위 점들 중 두 개의 위치를 이동하면 세 개의 점을 통과하는 직선이 여덟 개가 아니라 열 개가 된다고 한다. 그렇다면 어느 점들을 어디로 이동해야 할까?

 최대한 대칭이 되도록 점 두 개를 이동해야 한다.

Answer 중간 줄 왼쪽에 있는 점을 원래 점이 있던 위치와 가운데의 점 사이에 놓이도록 오른쪽으로 살짝 밀어 보자. 그렇게 하면 원래 그을 수 있던 세로 방향의 직선은 사라지는 대신 새로운 줄 두 개가 생겨난다. 왼쪽 맨 위의 점과 새로 생긴 점 그리고 아랫줄 가운데 점을 연결하는 직선이 그중 하나이고, 맨 윗줄 가운데 점과 새로 생긴 점, 맨 아랫줄 왼쪽 점을 연결하는 직선이 나머지 하나이다.

중간 줄의 오른쪽 점도 위와 마찬가지로 이동한다. 즉 중간 줄 가운데 점과 원래 지점 사이로 이동하면 그을 수 있는 직선의 수가 두 개로 늘어난다.

이렇게 하면 세 점을 연결하는 직선이 8개에서 모두 10개로 늘어난다.

참고로 그림을 시계 방향이나 시계 반대 방향으로 90° 돌려도 결과는 똑같다. 즉 중간 줄 왼쪽 점과 오른쪽 점 대신 맨 윗줄의 가운데 점과 맨 아랫줄의 가운데 점을 위와 같은 방식으로 이동시키는 것이다.

그렇다면 지금까지 말한 점 네 개를 모두 다 이동시키면 어떤 결과가 나올까? 그을 수 있는 직선의 수가 늘어날까? 실제로 실험해 보면 오히려 그을 수 있는 직선의 개수가 줄어드는 것을 확인할 수 있다.

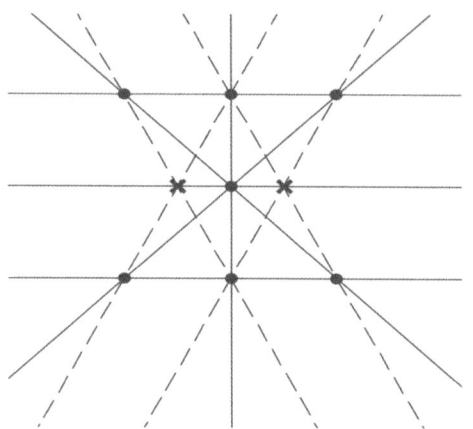

주사위 예술가

주사위를 이용해서 작품을 만드는 예술가가 있었다. 주사위의 크기는 작품에 따라 그때그때 달랐지만 적어도 한 작품 안에서는 늘 똑같은 크기의 주사위만 이용하는 예술가였다.

어느 날 밤, 그는 좀 더 고급스러운 작품을 만들기 위해 작품의 표면에 금박을 입히기로 결정했다. 다음 날 눈을 뜨자마자 예술가는 널따란 종이에 금박을 입히기 시작했다. 그 종이로 작품의 표면을 감쌀 생각이었던 것이다.

그런데 종이에 금박을 입힌 뒤 계산을 해 보니 지금 필요한 금박지의 양보다 두 배가 많았다. 그렇다고 작품 하나를 더 만들기도 싫고 금박지를 남기기도 싫던 예술가는 고민 끝에 딱 맞는 해결책을 찾았다. 원래의 작품, 즉 커다란 주사위 한 개로 이루어진 작품을 잘만 나누면 작품의 표면이 지금보다 두 배로 늘어난다는 사실을 발견한 것이다.

그렇다면 주사위를 어떻게 잘라야 표면적이 정확히 두 배로 늘어날 수 있을까?

 때로는 작은 것이 큰 것이 될 수도 있다.

주사위는 정육면체이다. 따라서 이번 문제는 커다란 정육면체를 작은 정육면체 여러 개로 나누는 것에 관한 것이다.

정답은 '주사위를 가로로 한 번, 세로로 한 번, 옆에서 한 번 잘라야 한다' 이다. 그렇게 자를 경우 큰 주사위 1개가 작은 주사위 8개로 나눠지며, 이때 쪼개진 작은 주사위들의 표면은 각기 큰 주사위 1개의 $\frac{1}{4}$에 해당한다. 그리고 이 작은 주사위 8개의 표면을 모두 합한 표면적은 큰 주사위의 표면에 비해 정확히 2배 넓다.

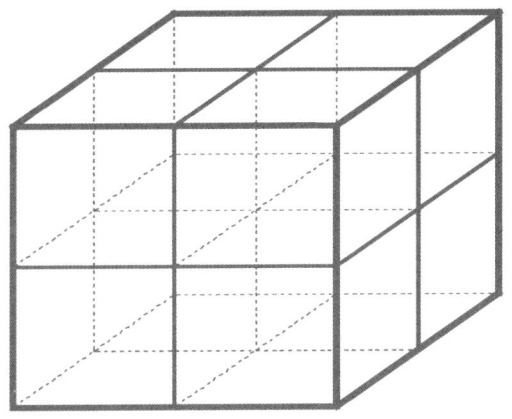

주사위와 소수

이번 문제는 주사위의 꼭짓점 여덟 개에 0에서 7까지의 숫자를 매기는 것이다. 하지만 여기에는 일정한 규칙이 있다.

첫째, 각 숫자를 한 번씩만 사용할 수 있다. 둘째, 각 모서리의 양끝에 있는 숫자를 합한 값이 늘 소수, 즉 양의 약수가 자신과 1뿐인 수이어야 한다.

그렇다면 각 귀퉁이에 어떤 숫자를 넣어야 위의 조건을 만족할 수 있을까?

Hint 0에서 7까지의 각 숫자들을 어떤 숫자와 더해야 소수가 나오는지 생각해 보자.

Answer 주사위 한 개가 6개의 면을 지닌다는 사실은 다들 잘 알고 있을 것이다. 그런데 이번 문제에서 중요한 건 6개의 면이 아니라 꼭짓점과 모서리의 개수이다. 즉 주사위 한 개에는 8개의 꼭짓점과 12개의 모서리가 있다는 사실이 중요하다. 이때 각 꼭짓점은 3개의 모서리와 연결되어 있으니 0에서 7까지의 수도 각기 세 개의 다른 수와 이어지게 된다.

각 모서리 양끝의 숫자들을 더하여 나올 수 있는 소수는 2, 3, 5, 7, 11, 13으로 여섯 개이다. 이때 7은 0과 결합할 수도 있고

(7+0=7) 4와 결합할 수도 있다(7+4=11). 물론 6과 결합할 수도 있다(7+6=13). 이것만 해도 이미 8개의 꼭짓점 중 4개에 들어갈 숫자가 정해졌다. 한 꼭짓점에는 7이 들어가고, 그와 연결된 나머지 세 꼭짓점들에는 0과 4 그리고 6이 들어가면 되니까 말이다.

이제 남은 꼭짓점의 개수는 네 개이다. 그런데 그중 세 개에 들어갈 숫자들은 쉽게 알아낼 수 있다. 그 꼭짓점들은 0과 6, 4와 0 혹은 4와 6과 연결될 수밖에 없기 때문이다.

이제 6을 기준으로 꼭짓점에 들어갈 숫자들을 살펴보자. 6에다가 어떤 수를 더해서 2나 3, 5, 7, 11 그리고 13을 만들 수 있는 경우는 많지 않다. 그중 2와 3 그리고 5는 6보다 작은 숫자들이니 아예 답이 될 수 없고, 남은 것은 1과 더하는 경우(6+1=7), 5와 더하는 경우(6+5=11), 7과 더하는 경우(6+7=13)밖에 없다. 그런데 6에다가 7을 더하는 경우는 위에서 이미 사용했으니(7+6=13), 남은 건 1과 5를 더하는 것밖에 없다. 즉 6에서 뻗어나간 모서리의 끝에는 1이나 5가 들어가야 한다는 것이다.

주사위의 각 꼭짓점에 이렇게 쉽게 숫자를 넣을 수 있는 까닭은 문제에서 말한 조건을 충족하는 경우가 단 한 가지밖에 없기 때문이다. 그 조건에 따라서 남은 숫자인 2와 3도 쉽게 자리를 정할 수 있다.

그래서 정답은 다음 그림과 같다.

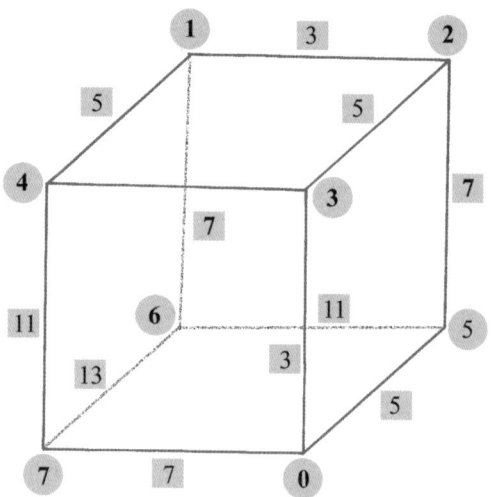

붉은색 주사위

커다란 주사위의 표면을 붉은 물감으로 칠한 뒤 칼로 잘라 여러 개로 조각을 냈다. 가로로 세 번, 세로로 세 번 그리고 옆쪽에서 세 번을 잘랐더니 각 면에는 16개의 작은 정사각형이 생겨났고(가로4×세로4), 전체적으로는 총 64개의 작은 조각들이 만들어졌다 (4×4×4).

새로 생겨난 작은 조각들 중 삼면이 붉은색인 조각은 몇 개일까? 또 두 면이 붉은색인 조각, 한 면이 붉은색인 조각, 붉은 면이 하나도 없는 조각은 각각 몇 개씩일까?

Hint 잘려나간 조각이 원래 주사위의 꼭짓점 부분에 있었는지 모서리 부분에 있었는지, 혹은 어떤 면의 중앙에 있었는지를 잘 생각해 보아야 한다.

Answer 주사위에는 원래 8개의 꼭짓점이 있다. 그 부분에 있다가 잘려나간 조각들은 삼면이 붉은색이다. 즉 삼면이 붉은색인 조각이 총 8개가 생겨난 것이다.

꼭짓점과 꼭짓점 사이에도 모서리와 맞닿은 곳에 있던 조각 2개가 있다. 그러한 조각들은 2개의 면이 붉은색으로 총 24개가 된다(2×12).

주사위 각 면의 중앙부, 그러니까 꼭짓점이나 모서리에 맞닿아 있지 않는 곳에도 4개의 조각들이 만들어지는데 그 조각들은 한 면만 붉은색이다. 주사위의 면이 6개이니까 한 면만 붉은색인 조각들의 개수는 총 24개가 된다(4×6).

주사위의 안쪽, 즉 정육면체의 내부에 있던 조각들은 붉은 면이 하나도 없으며 총 8개가 나온다(2×2×2).

이렇게 나온 조각들의 개수를 각기 더하면 8+24+24+8=64이므로 총 64개가 된다.

보너스 문제: 주사위를 4×4×4가 아니라 5×5×5로 잘랐다면 결과는 어떻게 될까? 붉은 면이 3개인 조각, 2개인 조각, 1개인 조각, 0개인 조각의 개수는 각기 몇 개가 될지 생각해 보자.

두부 자르기

혼자서 바삐 저녁 식사를 준비하시던 어머니가 여러분에게 도와달라고 하셨다. 여러분이 해야 할 일은 똑같은 크기의 조각이 27개가 나오게 정육면체 모양의 두부를 자르는 것이다. 그러려면 아래 그림처럼 위에서 봐도 9조각, 옆에서 봐도 9조각, 앞에서 봐도 9조각, 즉 어느 방향에서 보더라도 9개의 정사각형이 나오도록 잘라야 한다.

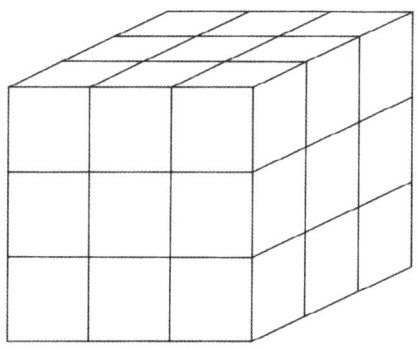

이렇게 두부를 자르려면 칼질을 최소한 몇 번 해야 할까?

우선 가로로 두 번, 세로로 두 번 그리고 옆면을 두 번 자르는 방법이 있다. 이때 여섯 번 만에 원하는 모양으로 자를 수 있다.

그런데 두부를 가로나 세로로 자를 때 반드시 밑바닥까지 잘라야 한다는 법은 없다. 원한다면 두부의 중간이나 $\frac{2}{3}$ 지점에서 칼질을 멈추어도 된다. 단, 칼질하는 방향은 바꿀 수 없으며 무조건 직선 방향으로만 잘라야 한다.

그럼 어쩌면 6번보다 더 적은 칼질로도 우리가 원하는 모양을 얻을 수 있지 않을까?

Hint 정육면체의 내면에도 한 개의 조각이 들어 있다는 사실을 잊어서는 안 된다.

Answer 아무리 애를 써도 여섯 번 이하로는 원하는 모양으로 자를 수 없다! 그 이유는 안쪽에 들어 있는 한 개의 작은 조각 때문이다. 그 작은 조각도 6개의 면을 지니고 있다. 그 조각이 지닌 6개의 면은 여러분이 칼질을 한 번 할 때마다 만들어지는 것이다. 하지만 한 번의 칼질로 한 개 이상의 면을 만들어 낼 수는 없다. 무조건 직선 방향으로만 잘라야 하기 때문이다. 따라서 칼질을 하다가 중간에 힘을 빼서 두부의 절반만 자르거나 $\frac{2}{3}$만 잘라서는 여섯 번 만에 원하는 모양을 얻을 수 없다.

7. 기하학:

가드너의 삼각형

축구장과 밧줄

지구 적도와 밧줄

전신 거울

반원 안에서만 풀을 뜯는 젖소

둥근 탁자에 동전 올려놓기

전기를 아낍시다!

양초 포장하기

직사각형 만들기

화가의 캔버스

사냥꾼은 어디에 살까?

가드너의 삼각형

아래에 두 개의 삼각형이 있다. 둘 다 각기 다른 모양의 퍼즐 조각 네 개를 이어 붙여서 만든 것이다. 각 조각이 몇 칸을 차지하는지를 세어 보면 두 삼각형을 만들 때 사용된 조각들이 똑같다는 걸 알 수 있을 것이다.

그런데 아래쪽 삼각형에는 위쪽 삼각형에는 없는 빈칸 하나가 보인다. 그렇다면 이 빈칸은 어디에서 온 것일까?

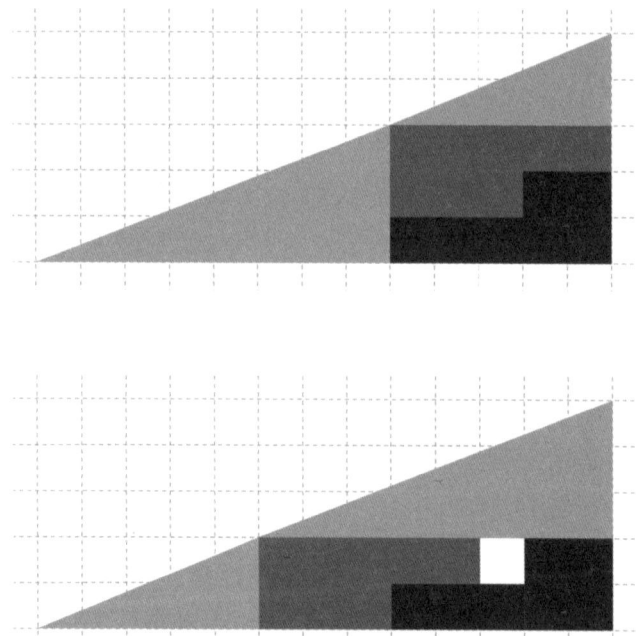

 삼각형의 각 조각들을 따로 떼어낸 뒤 자세히 관찰해 보아야 한다.

이번 문제는 눈의 착각을 이용한 것이다. 문제를 낼 때에도 아래에 두 개의 '삼각형'이 있다고 말했지만, 실은 여러분이 보고 있는 이 그림들은 완벽한 삼각형이 아니다. 빗변에 해당하는 부분이 직선이 아니라 중간에 꺾여 있기 때문이다. 첫 번째 그림에서는 빗변이 안쪽으로 조금 들어가 있고 두 번째 그림에서는 위로 조금 솟아 있다. 하지만 그 정도가 아주 약하고 전체 그림이 여러 개의 퍼즐 조각으로 이루어져 있기 때문에 우리 눈이 그 사실을 알아차리지 못한다. 즉, 빗변의 기울기가 다르다는 뜻이다.

그림을 만들 때 사용된 조각들 중 삼각형 모양의 조각이 두 개가 있는데, 그 둘은 가로와 세로의 비율이 각기 다르다. 두 조각 중 큰 삼각형은 가로로 8칸, 세로로 3칸이니까 비율로 따지자면 8:3, 즉 가로가 세로의 약 2.7배에 해당한다. 작은 삼각형은 가로가 5칸, 세로가 2칸으로 5:2의 비율이니 가로가 세로의 2.5배에 해당한다.

따라서 각 조각들을 어떻게 조합하느냐에 따라 전체 그림 중 빗변 부분이 안으로 들어가거나 밖으로 튀어나오고, 그 때문에 두 그림의 크기에도 차이가 발생하는 것이다. 두 번째 그림에 빈칸이 하나 생긴 것도 그 때문이다.

이 수수께끼는 1956년 미국의 마틴 가드너가 당시 뉴욕에서 활동하던 마법사 폴 커리의 속임수를 이론적으로 정리한 것이다.

축구장과 밧줄

축구장의 크기는 국제 규격을 적용해 보통 가로 105m, 세로 68m이다. 따라서 축구장의 둘레는 105m+68m+105m+68m=346m가 된다.

그런데 누군가가 여러분에게 축구장 둘레보다 정확히 1m가 긴 347m짜리 밧줄 하나를 주었다. 여러분은 그 밧줄로 축구장을 한 바퀴 둘러야 하며 그때 각 방향의 테두리와 밧줄 사이의 간격은 일정해야 한다.

그렇게 축구장 주변에 밧줄을 두르면 축구장 둘레와 밧줄 사이에 얼마만큼의 공간이 생길까? 심판의 호루라기 하나가 겨우 들어갈 수 있는 공간일까? 아니면 선수들이 신는 축구화 한 짝을 그 사이에 놓아둘 정도의 공간은 남을까?

 모서리와 나머지 부분을 따로 구분해서 생각하자.

 밧줄의 대부분은 원래 축구장 둘레와 똑같은 길이를 두르는 데에 사용될 것이다. 즉 347m 중 346m는 원래 축구장 둘레였던 부분에 쓰이게 되는 것이다. 그러니 여러분은 나머지 1m의 밧줄로 모서리를 어떻게 두를지만 고민하면 된다.

그런데 축구장은 직사각형 모양이니까 밧줄의 모양도 당연히

직사각형이어야 한다. 즉 모서리가 4개라는 말이다. 따라서 1m를 4로 나눈 25cm가 각 모서리 부분을 두르는 데에 필요하다. 이때 각 모서리를 두를 때에는 아래 그림처럼 25cm를 정확히 둘로 나눠 가로와 세로 방향으로 이어야 한다. 따라서 1m를 8로 나누면 12.5cm이니까 각 모서리에는 가로 방향으로 12.5cm, 세로 방향으로 12.5cm의 밧줄이 들어가게 된다.

원래 축구장의 테두리와 여러분이 밧줄로 두른 테두리와의 간격도 정확히 12.5cm가 되는데, 그 정도 간격이면 축구화 한 짝 정도는 올려놓을 수 있을 것이다.

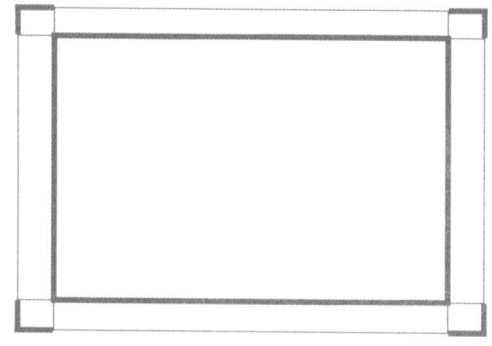

지구 적도와 밧줄

지구 적도의 둘레는 대략 40000km쯤인데 우리는 그보다 딱 1m가 더 긴 밧줄로 적도를 두를 예정이다. 그러자면 지구의 표면과 밧줄 사이에 약간의 공간이 생기게 된다.

어느 지점에서 재든 그 공간의 너비가 똑같아야 한다면, 그 너비는 얼마나 될까? 약 0.16mm일지 약 16mm일지 또는 약 16cm일지 알아보자.

 축구장에 밧줄을 두를 때와 방법은 비슷하다.

 원의 둘레와 지름 사이에는 일정한 비율이 존재하는데 우리는 그 비율을 '원주율' 혹은 '파이'(π)라고 부른다.

지구 적도의 둘레(원주)를 l이라고 가정하고, 반지름을 r이라고 했을 때, $l = 2\pi \times r$이라는 식이 성립한다(π는 대략 3.14에 해당한다).

그런데 위 문제에서는 지구의 적도보다 1m가 긴 밧줄을 사용한다고 했다. 그렇다면 그 밧줄의 길이를 L이라고 하고, 적도에 밧줄을 둘렀을 경우 밧줄에서 지구 중심까지의 거리를 R이라고 했을 때, $L = 2\pi \times R$이라는 식이 나온다.

이제 두 번째 식에서 첫 번째 식을 빼 보자. 그러면 다음과 같은 식이 나온다.

$L - l = (2\pi \times R) - (2\pi \times r) = 2\pi \times (R-r)$

즉 아래와 같이 줄일 수 있다.

$L - l = 2\pi \times (R-r)$

좌변의 $L - l$은 밧줄의 길이에서 지구 적도 둘레의 길이를 뺀 것인데, 이 값은 정확히 1m가 된다. 또한 우변의 $2\pi \times (R-r)$에서 $R-r$은 밧줄로부터 지구 표면까지의 거리를 의미한다.

이제 남은 것은 양변을 2π로 나누는 것이다. 이는 1÷6.28을 계산하면 된다. 그러면 답은 약 0.16m, 즉 16cm가 된다.

원주율 π는 원의 둘레와 지름 사이의 비율을 뜻하며 숫자로는 3.14159…이다. 즉 어떤 원의 지름이 만약 1m라면, 그 원의 둘레는 약 3.14m라는 뜻이다.

그런데 π는 매우 신기한 수로, 분수로 표시할 수도 없고 소수점 이하의 숫자들이 반복되지도 않는다. 즉 '순환소수'가 아니다.

지금도 수학자들은 π에 대해 연구를 하고 있으며 소수점 이하의 숫자들을 가장 많이 밝혀 낸 사람의 이름이 기네스북에 오르기도 했다. 기록에 도전하고 싶은 사람이 있다면 해 봐도 좋지만 시간이 많이 걸릴 거라는 건 각오해야 한다. 지금까지 밝혀진 것만 해도 약 3조 자리라고 한다!

전신 거울

머리부터 발끝까지 모두 다 볼 수 있는 거울을 '전신 거울'이라고 부른다. 거울이 얼마나 커야 온몸을 다 볼 수 있을까? 거울이 조금 작더라도 몇 걸음 뒤로 물러서면 온몸을 볼 수 있지 않을까?

Hint 거울에 비친 빛이 어떻게 반사되는지 잘 생각해 보자.

Answer 언니나 형, 동생이나 친구와 서로 거울을 보겠다고 다퉈 본 적이 있을 것이다. 그런데 거울에 비친 자기 모습을 확인하려면 거울 바로 앞에 서 있어야 한다. 조금만 옆으로 비껴서도 거울이 보이지 않는다. 빛이 거울 면에 닿는 각도(입사각)와 빛이 다시 반사되는 각도(반사각)가 같기 때문이다.

이 법칙과 기하학을 이용하면 자기의 모습을 전부 다 비추는 거울의 최소 크기를 계산할 수 있다. 예를 들어 키가 180cm인 어른이 있다고 가정할 때 그 사람의 눈높이는 지면에서 대략 170cm쯤 된다. 그 높이에서 거울 속 자신의 발을 확인하려면 비스듬히 아래쪽으로 기울을 들여다봐야 하는데 이때 빛의 반사의 법칙 덕분에 발이 보이는 높이는 0cm가 아니라 85cm가 된다.

자신의 몸 중 가장 높은 부분, 즉 머리 꼭대기를 볼 때도 마찬가지의 법칙이 적용된다. 머리 꼭대기를 보려면 비스듬히 위쪽으로 거울을 들여다봐야 하는데, 이때 그 사람의 눈에 보이는 머리 꼭대기의 높이는 180cm가 아니라 175cm이다. 즉 눈의 위치(170cm)와 실제 높이(180cm)의 정확히 절반 지점이 되는 것이다.

따라서 키가 180cm인 사람이 자신의 몸 전체를 거울을 통해 보려면 거울의 밑면은 바닥에서부터 85cm 높이에 있어야 하고, 거울의 윗면은 175cm 높이에 있어야 한다. 175에서 85를 빼면 90이니까, 거울의 길이가 90cm이어야 한다는 결론이 나온다. 다시 말해 키의 정확히 절반에 해당되는 길이의 거울만 있으면 자기 몸 전부를 볼 수 있다는 뜻이다. 단, 이 경우 거울의 아랫면이 눈높이의 절반 위치에 가 있어야 한다.

거울과 사람 사이의 거리는 중요하지 않다. 한 걸음 뒤로 물러나면 다른 각도에서 거울을 들여다보게 되지만, 그 경우에도 반사각과 입사각이 똑같다는 법칙은 여전히 적용되기 때문이다.

반원 안에서만 풀을 뜯는 젖소

할아버지가 여러분에게 여러 가지를 물려주셨다. 그중에는 특이하게도 반원 모양의 풀밭인 땅이 있었다. 또한 젖소 한 마리도 물려주셨는데 그 젖소는 반원 모양의 풀밭 안에서만 풀을 뜯어야 한다는 단서를 다셨다.

그 외에도 할아버지는 나무기둥 세 개와 원하는 길이로 잘라서 쓸 수 있는 기다란 밧줄, 고리 그리고 가위 하나씩을 물려주셨다.

여러분은 이 물건들을 최대한 이용해서 젖소가 반원 모양의 땅 안에서만 풀을 뜯게 만들어야 한다. 어떻게 하면 젖소가 여러분의 땅 안에서만 풀을 뜯게 할 수 있을까?

Hint 때로는 나누어서 생각하는 편이 문제를 해결하기에 좋다. 그러니 우선 어떻게 하면 젖소가 원 안의 풀만 뜯을 수 있게 만들지부터 생각하고, 그런 다음 원을 반으로 나누어서 생각해 보자.

Answer 풀밭이 완전한 동그라미 모양이었다면 문제는 간단하다. 정확히 원의 중앙에 기둥을 세우고, 밧줄을 이용해 젖소를 그 기둥에 묶어 두기만 하면 끝이니까. 물론 밧줄의 길이는 원의 반지름과 같아야 한다.

문제는 그 원을 반으로 잘라야 한다는 건데, 이 경우에도 젖소를 묶어 두어야 할 위치는 달라지지 않았다.

이제 남은 문제는 어떻게 하면 젖소가 반원 바깥의 풀을 뜯지 않게 하느냐 하는 것이다.

먼저 원의 지름과 평행한 밧줄을 설치하자. 이때, 그 밧줄은 아래 그림에서처럼 반원의 끝부분과 맞닿아야 한다. 즉 기둥 두 개를 양쪽에 박은 뒤 거기에 밧줄을 묶는다. 그런 다음 그 밧줄에 고리 하나를 걸어 밧줄의 왼쪽 끝과 오른쪽 끝 사이를 자유롭게 이동할 수 있게 해 준다. 마지막으로 그 고리에 다시 한 번 밧줄을 매는데 이때, 밧줄의 길이는 원의 반지름과 정확히 똑같아야 한다. 그런 다음 젖소와 그 밧줄의 끝부분을 다시 한 번 연결한다. 그렇게 하면 젖소는 절대로 반원 모양의 바깥에 있는 풀을 뜯을 수 없다!

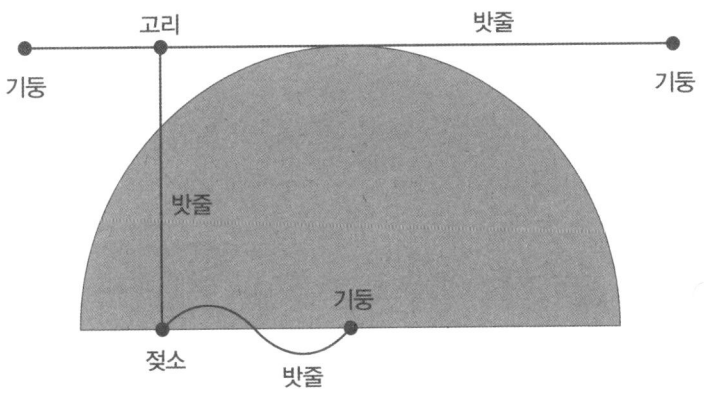

둥근 탁자에 동전 올려놓기

둥근 모양의 탁자 앞에 두 명이 앉아서 게임을 즐기고 있다. 두 사람이 번갈아가며 동전 하나씩을 탁자 위에 올려놓고 있는데 이때, 동전이 서로 겹치게 놓을 수는 없다. 또한 동전 놓을 곳을 더 이상 찾지 못하는 사람이 게임에서 지는 것이 규칙이다.

둘 중 먼저 동전을 놓은 사람이 게임에서 이기려면 어떻게 해야 할까?

Answer 첫 번째 사람이 동전을 정확히 탁자의 중앙에 올려놓아야 한다. 그런 다음 상대방이 동전을 놓는 위치에 정확히 '거울처럼' 응수하면 된다. 즉 두 번째 동전과 세 번째 동전을 직선으로 연결했을 때 원탁의 중심점이 정확히 그 중간 지점이 되어야 하는 것이다. 그렇게 계속 두 번째 사람이 두는 수에 맞설 경우, 동전을 먼저 올려놓기 시작한 사람이 결국 게임의 승자가 된다.

보너스 문제: 탁자가 동그란 모양이 아니라 사각형이었다 하더라도 결과는 마찬가지일까?

전기를 아낍시다!

정사각형 모양의 땅 위에 가로등이 스무 개가 설치되어 있다. 네 귀퉁이에 각기 한 개씩, 그리고 귀퉁이 가로등 사이에 각기 네 개의 가로등을 설치해 둔 상태이다. 이에 따라 앞이나 뒤, 혹은 오른쪽이나 왼쪽 옆, 어디서 바라보든 가로등은 여섯 개씩 보인다. 가로등과 가로등 사이의 간격 또한 모두 똑같다.

그런데 갑자기 전기세가 너무 올라 땅 주인은 가로등 스무 개 중 다섯 개를 꺼서 세금을 25% 아끼기로 결심했다.

어떤 가로등 다섯 개를 꺼야 불빛은 예전과 똑같으면서 세금을 아낄 수 있을까?

 어떤 가로등이 한쪽 면만 비추고 있는지, 여러 방향을 비추고 있는 가로등은 어떤 것인지 알아보자.

Answer

모서리에 있는 가로등은 각기 두 방향을 비추고 있다. 그리고 나머지 가로등은 정면만 비추고 있다. 따라서 모서리에 있는 가로등 4개를 모두 꺼 버린 뒤 나머지 가로등 중 1개를 끄면 다섯 번째로 끈 가로등이 비추던 방향이 나머지 방향보다 어두워진다.

하지만 모서리에 있는 가로등 4개 중 3개만 끄면 아래 그림처럼 한 귀퉁이에는 불빛이 살아 있고, 따라서 각 면에 가로등이 4개씩 비추게 할 수 있다. 물론 그림의 방향을 바꾸어도 결과는 똑같다.

양초 포장하기

어느 양초 공장에서 120개들이 제품을 판매하고 있었다. 양초 상자는 120개가 딱 맞게 들어가는 크기였으며 양초 공장 사장은 그 상자 안에 가로로 15개씩 8줄의 양초를 넣어서 판매했다. 그런데 올해가 공장이 생긴 지 100주년이 되는 해라 기념으로 손님들에게 양초 1개를 덤으로 주기로 결정했다. 사장은 양초 1개를 조그만 상자에 넣어서 원래의 상자 위에 붙이는 방법을 제안했다. 그러자 한 신입사원이 원래의 상자 안에 양초 1개를 더 넣을 방법이 있다고 말했다.

어떻게 하면 상자 안에 양초 1개를 더 넣을 수 있을까? 또한 그 상자에 양초가 121개보다 더 많이 들어갈 수 있을지도 알아보자.

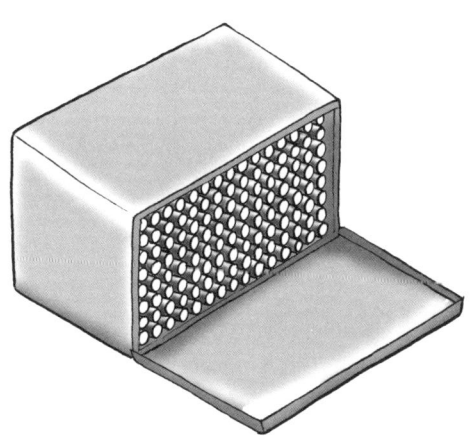

Hint 가지런히 줄을 맞추어 넣는 것보다 더 효과적인 방법이 있다.

Answer 똑같은 공간에 더 많은 양초를 집어넣으려면 빈 곳을 줄여야만 한다. 그러자면 양초를 넣는 방법, 즉 배열 방법을 바꾸어야 한다. 먼저 맨 아래쪽에는 처음과 마찬가지로 15개의 양초를 넣는다. 그 윗줄에는 아랫줄의 양초 2개 사이에 1개의 양초를 얹는 방식으로 1개를 줄여서 14개만 넣는다. 그렇게 계속 끝까지 채운다.

이 경우 양초를 한 줄씩 쌓을 때마다 처음보다 높이가 조금씩 줄어들게 된다. 원래 높이와 비교할 때 정확히 양초 지름의 13%만큼 높이가 줄어드는 것이다. 원래 양초가 8줄이었으니까 8에다가 13%를 곱하면 104%가 나온다. 즉 양초 1개의 지름보다 더 큰 공간이 생겨나는 것이다. 게다가 마지막 9번째 줄은 홀수 번째 줄이므로 양초를 15개나 더 넣을 수 있다.

이렇게 양초를 쌓을 경우, 15개가 들어가는 줄이 5줄이고 14개가 들어가는 줄이 4줄이니까 $(5 \times 15)+(4 \times 14)=131$, 즉 똑같은 상자 안에 총 131개의 양초를 넣을 수 있다. 원래보다 11개의 양초를 더 넣을 수 있는 것이다.

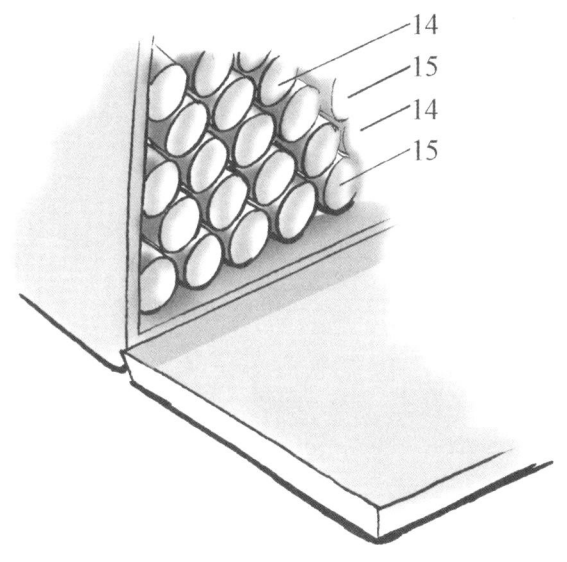

직사각형 만들기

아래의 마름모꼴을 한 번만 자른 뒤 두 개의 조각을 합쳐 직사각형을 만들어 보자.

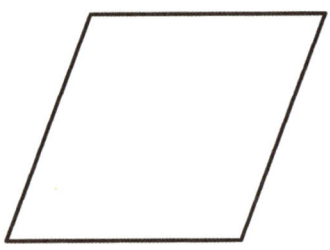

사다리꼴을 잘라서 직사각형을 만들 수도 있다. 단, 이번에는 한 번이 아니라 두 번을 잘라야 한다.

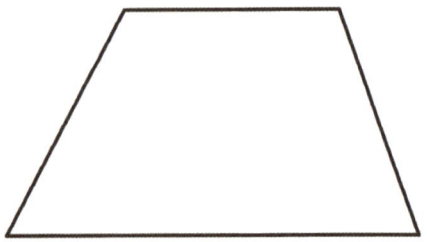

 직사각형에는 각도가 90°인 곳이 몇 군데인가? 그렇게 만들려면 마름모꼴과 사다리꼴의 어디를 잘라야 할까?

Answer 마름모꼴의 경우 여러 위치에서 자르는 것이 가능하다. 무한히 많다고 해도 괜찮을 것이다. 중요한 건 90°인 각도가 4개가 생겨나도록 자르는 것이다. 그런 다음 두 조각을 이어주기만 하면 된다.

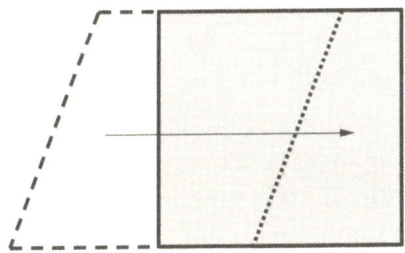

사다리꼴의 경우에는 단 한 가지 방법밖에 없다. 먼저 왼쪽과 오른쪽 중 한 변의 중간 지점을 자르면 작은 삼각형이 나온다. 그 삼각형을 뒤집어서 위쪽에다 갖다 붙이고 반대쪽도 똑같은 방법으로 잘라서 붙이면 직사각형이 완성된다.

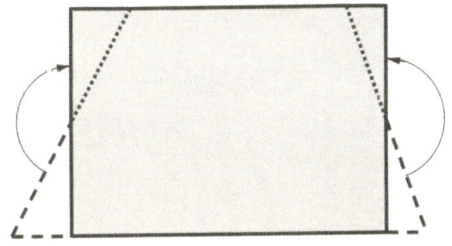

화가의 캔버스

실력이 아주 뛰어난 화가가 한 명 있었다. 그런데 그 화가의 독특한 집념 때문에 주변 사람들은 골치 아파하고 있었다. 캔버스의 둘레의 길이와 면적이 똑같지 않으면 절대 그림을 그리지 않겠다며 고집을 피웠기 때문이다.

그 화가가 사용할 수 있는 캔버스의 종류는 몇 개나 될까?

Hint 이 문제는 방정식을 이용해서 풀 수도 있고, 전체 면적(직사각형)을 작은 정사각형으로 쪼개어서 풀 수도 있다. 두 번째 경우, 테두리에 있는 정사각형 조각과 중간 부분에 있는 조각들을 따로 떼어서 생각해 보면 쉽게 답을 얻을 수 있다.

Answer 화가가 사용하는 캔버스가 얼마나 큰지 정확히 알 수는 없지만 예컨대 7×4의 크기라고 가정해 보자. 세로로 4개의 정사각형을 쌓고 가로로 7개의 정사각형을 늘어놓은 크기라고 보는 것이다. 그 캔버스를 그림으로 표현하면 아래와 같다.

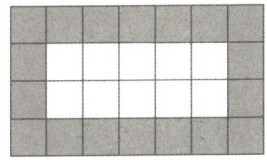

우선 그림 중 가장자리에 있는 정사각형들, 즉 회색으로 표시된 부분을 살펴보자. 총 몇 칸일까? 가로로 7칸씩 두 줄, 세로로 4칸씩 두 줄이니까 7+7+4+4=22, 즉 22칸이 나올까?

그렇지 않다. 회색 부분은 총 18칸으로, 22칸이라는 답은 모서리를 이중으로 잘못 계산하여 나온 숫자일 뿐이다. 따라서 이중으로 계산된 4칸을 뺀 18칸이 답이다. 실제로 세어 보아도 회색 부분이 18칸이라는 건 쉽게 알 수 있을 것이다.

사각형이 더 커지거나 작아진다 하더라도 회색 부분의 안쪽에 최소한 4개의 칸만 있다면 이중으로 계산된 모서리의 4칸을 빼야 한다는 사실은 변하지 않는다.

따라서 화가가 쓸 수 있는 캔버스의 종류가 몇 개인지 계산하려면 그 4개의 칸이 어떤 식으로 배열되는지만 찾으면 된다. 또한 거기에는 4개의 칸이 가로로(혹은 세로로) 나란히 배열되거나 2칸씩 두 줄로 배열되는 두 가지 가능성밖에 없다. 그 경우, 가장자리의 회색 칸들까지 합하면 6×3칸의 캔버스나 4×4칸의 캔버스가 나온다. 아래 그림들처럼 말이다.

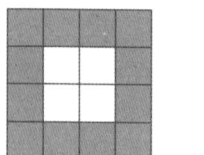 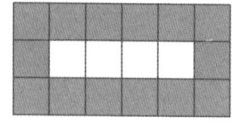

위의 내용을 방정식으로 표현해 보자. 먼저 화가가 사용할 캔버스의 가로 길이를 a라고 하고 세로 길이를 b라고 가정하면, 캔버스의 면적은 $a \times b$이고, 둘레는 $2 \times (a+b)$이다. 그런데 캔버스의 면적과 둘레가 똑같아야 한다고 했다. 다시 말해 $a \times b = 2 \times (a+b)$가 되어야 하는 것이다. 이 식은 $(a-2) \times (b-2) = 4$라고 바꾸어 쓸 수도 있다. 즉 $a-2$도 4의 약수이고 $b-2$도 4의 약수이다. 4의 약수는 1과 2 그리고 4밖에 없으니 결국 화가가 사용할 수 있는 캔버스의 종류는 그리 많지 않다는 뜻이 된다.

사냥꾼은 어디에 살까?

어느 날 아침, 사냥꾼이 눈을 뜨자마자 옷을 차려입고 남쪽으로 1km를 이동했다. 사냥꾼은 곧이어 서쪽으로 1km를 이동했고, 그런 다음에는 다시 북쪽으로 1km를 이동했다. 그런데 신기하게도 사냥꾼이 원래 출발했던 지점으로 다시 돌아왔다.

사냥꾼은 그 지점에 멈추어 서서 곰들을 향해 총을 쏘았다. 그렇다면 그 곰들의 털은 무슨 색깔이었을까?

 위와 같이 이동해서 처음에 출발했던 지점으로 돌아오려면 출발 지점이 어디여야만 할까?

첫 번째 가능성은 사냥꾼이 북극점에서 출발했다는 것이다. 북극점에서 출발했다면 남쪽으로 1km를 이동하고 그 지점에서 다시 서쪽으로 1km를 이동해도 북극점과의 거리가 여전히 1km이다.

두 번째 가능성은 출발 지점이 남극점 부근인 것이다. 이때, 경도는 알 수 없지만 적어도 위도상으로는 남극점에서 1km 떨어진 지점이 출발 지점이 된다. 즉 사냥꾼은 남극점으로부터 북쪽으로 정확히 1km 떨어진 지점에서 출발해서 원래의 지점으로 돌아온 것이다.

그런데 남극에는 곰이 살고 있지 않다. 따라서 사냥꾼이 쏜 것은 분명 북극곰이었을 것이며 북극곰의 털 색깔은 모두 아는 대로 흰색이다.

8. 나누어 떨어지는 수:

영리한 회계사
소풍 가는 차 안에서
주사위 뒤집기
초콜릿 상자
재미있는 공놀이
아라비안나이트
알파벳 U의 비밀
대칭수
'1=2' 이다!?

영리한 회계사

암산을 아주 잘하는 회계사 한 명이 있었다. 그의 주특기는 더하는 수들이 얼마인지 정확히 알지 못하는 상태에서 덧셈의 결과가 옳은지 틀린지를 알아맞히는 거였다.

회계사는 친구 세 명에게 종이를 나눠 주며 거기에 네 자리 수 하나를 적으라고 했다. 다음으로 그중 맨 처음 숫자를 맨 뒤로 보내라고 했다. 만약 처음에 적은 수가 1234였다면 두 번째 수는 2341이 되는 것이다. 그런 다음 회계사는 두 개의 수를 합한 결과를 알려 달라고 했다.

세 명의 친구들은 각기 8612와 4322 그리고 9867이라는 결과를 알려 주었다. 그 말을 들은 회계사는 아주 잠깐 생각하더니 8612와 4322라고 대답한 친구들은 덧셈을 잘못했다고 지적했다.

친구들이 어떤 수를 적었는지도 모르면서 회계사는 어떻게 덧셈의 결과가 옳은지 혹은 그른지를 알아냈을까?

 암산에 자신이 없다면 종이에 써서 계산하거나 계산기를 이용해도 된다.

Answer 회계사는 친구들이 알려 준 숫자가 11로 나누어 떨어지는지만 계산했다. 나누어 떨어진다면, 즉 나머지가 0이라면 덧셈의 결과가 옳은 것이고 나머지가 남는다면 덧셈을 잘못한 것이다. 그 이유는 문제에서 말하는 방식으로 네 자리 수 2개를 더하면 언제나 11로 나누어 떨어지기 때문이다. 이것이 옳은지 아닌지는 식을 이용하면 확인할 수 있다.

$abcd$라는 네 자리 수를 식으로 풀어서 쓰면 $1000a+100b+10c+1d$가 된다. a는 천의 자릿수이고 b는 백의 자릿수, c는 십의 자릿수, d는 일의 자릿수다. 여기에서 a를 맨 끝으로 보내면 $bcda$라는 수가 나온다. 이 수를 식으로 풀어 쓰면 $1000b+100c+10d+1a$가 된다.

이제 두 개의 식을 더해 보자. 그러면 $1001a+1100b+110c+11d$가 되는데, 알파벳 앞에 붙어 있는 수들은 모두 11로 나누어 떨어진다.

따라서 더하는 수들이 각기 몇과 몇인지 몰라도 11로 나누어 보기만 하면 덧셈의 결과가 옳은지 그른지를 알 수 있는 것이다.

소풍 가는 차 안에서

어떤 가족이 차를 타고 야외로 소풍을 가는 중이다. 그런데 그 가족이 타고 있는 자동차의 바퀴 수에다가 운전석에 앉아 있는 사람의 나이 그리고 차에 타고 있는 사람의 수를 곱했더니 444가 나왔다.

운전자의 나이는 몇 살이고, 차 안에는 총 몇 명이 타고 있는 것일까?

 특별한 식이 떠오르지 않는다면 아무 숫자들이나 넣어서 여러 번 계산해 보자.

자동차의 바퀴 개수와 운전자의 나이 그리고 차 안에 타고 있는 승객의 수를 곱했더니 444가 나왔다고 했다. 이 가족이 탄 자동차가 대형 화물 트럭일 가능성은 그다지 높지 않으니 바퀴의 개수는 아마도 4개일 것이다. 따라서 444를 4로 나누면 111이 된다. 즉 운전자의 나이와 승객의 수를 곱한 값이 111이라는 뜻이다.

이제 어떤 수 2개를 곱했을 때 111이 나오는지만 알아내면 된다. 단, 여기에서 말하는 두 수는 반드시 자연수이어야 한다. 승객의 수가 예컨대 2.3명이 될 리도 없고 사람의 나이를 보통 30.4살이라고 말하지는 않으니 말이다.

그러니 2부터 시작해서 셈을 해 보자. 그런데 2에다가는 어떤 수를 곱해도 111이 나오지 않는다. 이는 짝수인 4도 마찬가지이다. 그렇다면 3은 어떤가? 111이 3으로 나누어 떨어지는지 보자. 완벽하게 나누어 떨어지고, 몫은 37이다.

물론 1×111도 물론 111이 되지만, 차 안에 운전자 한 명만 타고 있고, 그 사람의 나이가 111세일 가능성은 크지 않다. 차 안에 111명이 타고 있고 운전자의 나이가 1세일 확률은 더더욱 낮다. 따라서 운전자의 나이는 37세이고, 차 안에는 모두 3명이 타고 있는 것이다.

보너스 문제: 3의 배수들과 37을 곱하면 얼마가 될까(6×37, 9×37, 12×37, 15×37, …)? 그 결과들을 가지고 여러분은 7×37이나 8×37 혹은 10×37의 결과를 암산으로 재빨리 계산해 낼 수 있는가?

주사위 뒤집기

이번 문제는 친구가 던진 주사위의 눈의 합을 알아맞히는 것이다. 친구에게 주사위 세 개를 굴려 보라고 하자. 이때 여러분은 눈을 감거나 등을 돌리고 있어야 한다. 다음으로 친구에게 던져서 나온 주사위 눈의 수 세 개를 종이에 적으라고 한다. 그렇게 하면 세 자리 수가 나올 것이다.

이제 친구에게 바닥에 있던 면이 위로 올라오게 주사위들을 뒤집어엎으라고 한다. 그리고 그 숫자들도 메모지에 적으라고 한다. 그러면 앞서 적은 숫자 3개와 이번에 적은 숫자 3개를 합해서 총 여섯 자리 수가 만들어진다.

다음으로 친구가 해야 할 일은 그 여섯 자리 수를 먼저 3으로 나누고, 곧이어 다시 37로 나누는 것이다. 계산기가 있다면 써도 된다.

이제 친구에게 그 결과를 알려 달라고 한 뒤, 그 수에서 7을 빼고, 그 수를 다시 9로 나눈다. 그 결과 세 자리 수가 나올 텐데 그 수를 친구에게 알려 주면 친구는 아마 깜짝 놀랄 것이다.

 주사위에서 서로 마주보고 있는 두 면(대면)의 눈의 합이 얼마인지에 주의해야 한다.

Answer 친구가 던진 주사위에서 나온 눈의 개수가 각기 3, 1, 5라고 가정해 보자. 그러면 친구는 종이 위에 315라고 적게 된다. 그 상태에서 주사위들을 뒤집으면 눈의 수는 4, 6, 2가 된다. 마주보고 있는 두 면의 눈의 합은 늘 7이기 때문이다. 이에 따라 친구가 종이에 적은 여섯 자리 수는 315462가 된다. 그 수를 3으로 나누면 105154가 되고, 그 수를 다시 37로 나누면 2842가 나온다.

친구가 알려 주는 수인 이 2842에서 여러분은 7을 뺀 다음, 그 결과를 9로 나눈다. 그러면 맨 처음에 친구가 적은 숫자, 즉 315가 나오게 된다!

위 문제를 푸는 과정도 식으로 나타낼 수 있다. 그러기 위해 먼저 친구가 처음 던져서 나온 눈들을 각기 a, b, c라고 해 두자. 이때, a는 십만의 자릿수이고, b는 만의 자릿수, c는 천의 자릿수가 된다. 이는 나중에 숫자 세 개가 뒤에 더 붙을 것이기 때문에 정해지는 자릿수이다. 여기까지를 식으로 표현하면 $100000a + 10000b + 1000c$가 된다.

그렇다면 나머지 숫자들은 어떻게 될까? 여러분은 마주보고 있는 두 면의 눈의 합은 7이라는 것을 알고 있다. 따라서 주사위를 뒤집었을 때 나온 눈의 수는 각기 7에서 a, b, c를 뺀 수가 된다 ($7-a$, $7-b$, $7-c$). 이때, $7-a$는 백의 자릿수이고 $7-b$는 십의 자릿수, $7-c$는 일의 자릿수이다. 따라서 나머지 숫자들을 식으로 표현하면 $100 \times (7-a) + 10 \times (7-b) + 1 \times (7-c)$가 된다.

그다음 과정은 앞에서 말한 여섯 자리 수를 3으로 나누고, 그 결과를 다시 37로 나누는 것이다. 그런 다음 그 결과에서 7을 뺀 뒤, 다시 9로 나누면 된다.

숫자를 바꾸어서 여러 번 셈을 해 나가다 보면 문제 속에 숨어 있는 법칙이 조금씩 드러난다. 즉 문제에서 말하는 방식으로 만든 여섯 자리 수들이 999의 배수와 관계가 있다는 것을 알 수 있다. 친구에게 3과 37로 나누라고 하고, 나중에 여러분이 다시 9로 나누는 것도 그 때문이다. 3과 37 그리고 9를 곱한 수가 바로 정확히 999이다. 그렇게 하고 나면 결국 $100a + 10b + 1c$만 남는다. 즉, 친구가 맨 처음 던져서 나온 눈의 수들만 남는 것이다.

초콜릿 상자

　오늘도 초콜릿 가게 주인은 손님들에게 팔 초콜릿을 열심히 만든 뒤, 작은 상자에 담아서 팔기로 하고 계산을 해 봤다. '상자 하나당 초콜릿을 세 개씩 넣으면 하나가 남아. 네 개씩 넣으면 두 개가 남고, 다섯 개씩 넣으면 세 개가, 여섯 개씩 넣으면 네 개가 남는군.'
　그렇다면 주인이 오늘 만든 초콜릿은 최소한 몇 개였을까?

 위 문제에서 말한 네 가지 조건을 동시에 만족하는 가장 작은 숫자는 얼마일까?

Answer

3개씩 포장을 할 경우 1개가 남는다고 했으니 초콜릿의 개수는 4개나 7개, 10개, 13개 등이 될 수 있다. 즉 3의 배수에 각기 1을 더한 개수가 되는 것이다. 4개씩 포장할 경우에는 2개가 남는다고 했으니 4의 배수에 2를 더한 개수들이 되며(6, 10, 14, ⋯), 5개씩 포장할 경우에는 5의 배수에 3을 더해야 하고(8, 13, 18, ⋯), 6개씩 포장할 경우에는 6의 배수에 4를 더해야 한다(10, 16, 22, ⋯).

이렇게 숫자들을 적다 보면 가장 먼저 겹치는 숫자는 58이다. 즉, 오늘 가게 주인이 만든 초콜릿의 개수는 최소한 58개였다는 뜻이다.

재미있는 공놀이

열세 명의 아이들이 둥글게 서서 공놀이를 하고 있다. 놀이 방법은 옆 사람에게 공을 건네주는 것인데, 바로 옆에 있는 사람에게 공을 건네는 건 너무 지루하니까 하나 건너 옆 사람에게 공을 전달하기로 했다. 그렇게 하면 공이 두 바퀴 돌 때마다 한 번씩 자기 차례가 오기 때문에 게임이 더 재미있어진다.

그러다 한 명이 갑자기 배가 고프다며 집으로 가 버렸다. 남은 아이들은 계속 공놀이를 이어갔는데 위와 같은 방식으로 공을 전달했더니, 여섯 명만 계속 공을 주고받고, 나머지 여섯 명에게는 공이 한 번도 돌아가지 않는 것이었다. 그래서 아이들은 게임 방식을 바꾸기로 했다.

열두 명 모두가 공을 만지려면 몇 번째 사람에게 공을 전달하는 것으로 게임 규칙을 바꾸어야 할까?

 수학적으로 분해해서 생각해도 되고, 가능한 모든 방법들을 차례대로 살펴봐도 된다.

 12명 모두가 공을 만질 수 있는 방법은 많지 않다. 다음 그림에서 보듯 한 사람 건너 한 명씩 공을 주고받거나 옆으로 세 번째 사람에게 공을 전달할 때, 혹은 옆으로 네 번째

사람이나 여섯 번째 사람에게 공을 전달할 때에는 공을 아예 손에 넣지 못하는 사람들이 생겨나게 된다. 따라서 멍하니 서서 구경만 하는 사람이 없게 하려면 옆으로 다섯 번째 사람에게 공을 전달하기로 규칙을 정해야 한다. 여기서 x 표시된 사람이 공을 주고받는 사람이다.

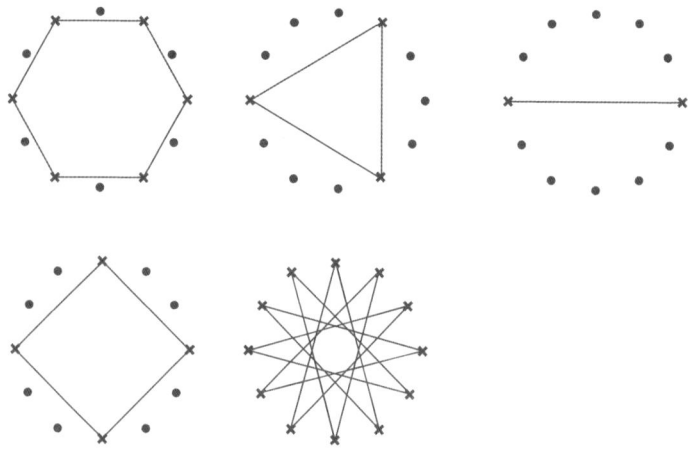

이 문제는 12라는 숫자를 소인수분해해서 풀 수도 있다. '소인수분해'란 자연수를 소인수(소수인 약수)의 곱으로 바꾸는 것을 가리키는 말로, 소수만의 곱으로 어떤 합성수를 표현하는 것을 말한다. 그런데 자연수를 소인수분해하면 답은 단 한 가지만 나온다. 12를 소인수분해하면 $2 \times 2 \times 3$이 된다. 순서를 바꾸어 $2 \times 3 \times 2$, 혹은 $3 \times 2 \times 2$라고 표현할 수도 있지만, 그것도 결국 $2 \times 2 \times 3$과 똑같은 것이므로 결과가 한 개밖에 없다고 본다. 이때 $2 \times 2 \times 3$을 2×6이나 3×4, 4×3, 6×2로 바꾸어도 늘 12가 나오니 결과는 똑같다.

12명을 2명씩 묶으면 6개의 작은 그룹이 생겨나고, 3명씩 묶으면 4개의 작은 그룹, 4명씩 묶으면 3개의 작은 그룹, 6명씩 묶으면 2개의 작은 그룹이 생겨난다. 이 말은 곧 2명씩 묶으면 6명만, 3명씩 묶으면 4명만, 4명씩 묶으면 3명만, 6명씩 묶으면 2명만 공을 주고받게 된다는 뜻이다.

하지만 5는 12의 소인수가 아니기 때문에 옆으로 다섯 번째 사람에게 공을 전달하면 모두가 공을 잡을 수 있다.

보너스 문제: 12명 중 또 한 명이 갑자기 숙제를 해야 한다며 집으로 가 버렸다. 이 경우 어떻게 해야 모두가 공을 주고받으며 놀 수 있을까?

아라비안나이트

세 자릿수 중 아무거나 하나를 골라 보자. 예를 들어 256과 같이 말이다. 그리고 그 숫자를 계산기에 연달아 두 번 입력한다(256256). 그런 다음 7로 나누면 나머지가 없이 나누어 떨어질 것이다. 다음으로 그 결과를 11로 나눈다. 이번에도 나머지가 없을 것이다. 그 결과를 13으로 나누면 어떨까? 이번에도 나머지는 없는데, 어디서 많이 본 듯한 숫자가 나타날 것이다.

그런데 처음에 입력한 여섯 자릿수는 위와 같이 나누면 왜 늘 나머지가 없이 나누어 떨어지는 걸까?

Hint 처음에 입력한 숫자 256에다 얼마를 곱하면 256256이 나오는가?

 이 문제에 담겨 있는 비밀은 계산을 거꾸로 해 보면 쉽게 알 수 있다. 즉 256256을 7, 11, 13으로 나누는 대신 256에다가 7, 11, 13을 차례로 곱해 보는 것이다. 물론 256에다가 $1001(=7 \times 11 \times 13)$을 바로 곱해도 결과는 똑같다. 즉, 어떤 세 자리 수에다가 1001을 곱하면 그 수를 두 번 연달아 쓴 여섯 자리 수가 나온다($256 \times 1001 = 256256$).

1001이라는 숫자는 아라비안나이트(천일야화)에서 이야기가 계속된 1천 1일 동안을 뜻하는 날수로도 우리에게 익숙하다.

알파벳 U의 비밀

계산기에서 U자 모양으로 숫자 네 개를 눌러 보자. 예를 들어 7을 가장 먼저 눌렀다면 다음으로 그 아래에 있는 4를, 그다음에는 4 옆에 있는 5를, 마지막으로 7 옆에 있는 8을 누르는 것이다. 혹은 중간에 한 칸 비우고 7-1-2-8을 눌러도 괜찮다. 심지어 계산기를 옆으로 눕혀서 5-6-9-8을 눌러도 상관없다.

신기하게도 어떤 숫자를 고르든 그 수들로 만든 네 자릿수는 모두 11로 나누어 떨어지는 것을 확인할 수 있다.

Answer 예를 들어 계산기 위에서 소문자 u자를 그려본다고 가정하자. 다시 말해 중간에 한 줄을 건너뛰지 않고 다닥다닥 모여 있는 숫자 4개를 선택하는 것이다. 7458이나 5236같이 말이다.

그 숫자들 중 아랫줄 왼쪽에 있는 숫자를 a라고 가정할 경우, 아랫줄 오른쪽의 숫자는 항상 $a+1$이다. 또 윗줄 왼쪽의 숫자는 항상 $a+3$, 윗줄 오른쪽 숫자는 항상 $a+4$가 된다.

이 숫자들을 u자 순서대로 나열하면 '$a+3, a, a+1, a+4$'가 된다. 그런데 이 수는 네 자릿수이니까 식으로 달리 표현하면 $1000(a+3)+100a+10(a+1)+(a+4)$이다. 그리고 이 식을 정리하면 $1111a+3000+10+4=1111a+3003+11$이 된다. 이때 우변의 각 항이 11로 나누어 떨어지기 때문에 원래의 숫자들도 11로 나누어 떨어질 수밖에 없는 것이다.

대칭수

먼저 아무 숫자나 하나 떠올려 보자. 예를 들어 372라는 세 자리 수를 머릿속에 떠올렸다면, 이제 그 숫자를 종이 위에 적고, 바로 뒤에는 그 숫자와 대칭되는 수를 적어 본다. 여기에서는 372를 거꾸로 뒤집은 273을 그 뒤에 적는 것이다. 그러면 372273이라는 숫자가 나온다. 이제 이 수를 11로 나누면 나누어 떨어지는 것을 알 수 있다.

위와 같은 대칭수(앞으로 읽으나 뒤로 읽으나 똑같은 수)들은 모두 11로 나누었을 때 나머지가 없이 나누어 떨어지는데, 그 이유가 뭘까?

 한 자리 숫자들로 실험을 해 보자.

 372273이라는 숫자는 다음과 같이 쪼갤 수 있다.
372273＝300003＋70070＋2200

이때 우변의 각 항은 11로 나누어 떨어진다.

마지막 항의 경우 22가 11로 나누어 떨어지니까 2200도 나누어 떨어진다.

중간 항은 1001이라는 수를 이용해 다시 쪼개면 7×1001×10이 되는데, 앞서 '아라비안나이트'에서 1001이 11로 나누어 떨어진다는 사실을 확인했으니 7007도 11로 나누어 떨어지고, 그 10배에 해당하는 70070도 당연히 나머지가 없이 11로 나눠짐을 알 수 있다.

300003이 11로 나누어 떨어지는지 아닌지를 쉽게 알려면 100001×3으로 쪼개 보면 된다. 100001이 11로 나누어 떨어지니까 그 3배에 해당하는 300003도 마찬가지로 나누어 떨어진다.

'1=2'이다!?

1=2라 사실은 아주 간단한 방법으로 증명할 수 있다. 먼저 1−1=2−2는 분명하다. 그리고 이 식을 1(1−1)=2(1−1)로 바꾸어 쓸 수 있다. 이것을 다시 줄이면 1=2가 된다.

아니라고? 그렇다면 위의 증명이 틀렸다는 말인가? 어디가 어떻게 틀렸을까?

Hint 수학에는 다양한 공식들이 있다. 보통은 그 공식들을 활용하면 계산이 쉽고 간단해진다. 그런데 식이 절대로 성립하지 않는 경우도 있다. 어떤 경우에 그렇게 될까?

Answer 문제에서 식을 '줄이는' 방법이 잘못되었다. 위 식에서는 1과 2에 각기 (1−1)을 곱했는데 사실 1에서 1을 빼면 0이 된다. 또한 어떤 수에다 0을 곱하면 늘 0이 된다.

따라서 1(1−1)=2(1−1)이라는 식은 $1 \times 0 = 2 \times 0$이라는 뜻이니까 이것을 정리한 결과는 1=2가 아니라 0=0이 되어야 한다!

9.

게임:

아주 특별한 도미노

외로운 기사

100에 먼저 도달하기

카드를 뒤집는 악마들

아주 특별한 도미노

우리가 흔히 아는, 블록을 나란히 세워서 쓰러뜨리는 게임 말고, 나무 조각 28개를 가지고 하는 도미노게임을 해 본 적이 있는가? 이때 각 조각에는 0부터 6 사이의 눈이 두 개씩 새겨져 있다.

원래 도미노게임에서는 보통 한 참가자가 자신이 가진 조각 중 하나를 내놓으면 다음 사람이 첫 번째 사람이 내놓은 눈의 개수에 맞는 블록을 내놓아야 한다. 하지만, 오늘 우리가 할 게임은 그것과는 다르다.

우리는 도미노를 아래 그림처럼 배열할 예정이다.

```
┌───┬───────┐
│ 1 │ 3   4 │
├───┤   ┌───┤
│ 1 │   │ 4 │
├───┴───┼───┤
│ 6   2 │ 0 │
└───────┴───┘
```

위의 틀을 자세히 보면 눈의 개수를 어떤 방향으로 더해도 8이 된다는 걸 알 수 있다. 다시 말해 1+3+4=8, 4+4+0=8, 0+2+6=8, 6+1+1=8인 것이다.

지금부터 28개의 조각들로 위 그림과 같이 총 7개의 틀을 만들어 보자. 이때 각 틀은 어느 방향으로 더해도 합이 똑같아야 한다!

 여러 가지 답이 있는데, 여기에서는 그중 한 가지만 소개하겠다.

```
0 1 2      4 2 0      4 4 0      4 3 2
0   1      2   5      3   2      4   5
3 0 0      0 5 1      1 1 6      1 6 2

           3 6 0      1 3 6      6 5 5
           3   4      4   2      6   5
           3 1 5      5 3 2      4 6 6
```

외로운 기사

체스에서 사용하는 말들은 킹, 퀸, 비숍, 나이트 등 여러 가지가 있고, 각 말들은 특별한 규칙에 따라서만 움직일 수 있다. 그중에서도 나이트(knight, '말을 탄 기사'라는 뜻)가 이동하는 방식은 매우 특별하다. 나이트는 출발 지점에서 왼쪽이나 오른쪽으로 두 칸을 간 다음 위쪽이나 아래쪽으로 한 칸을 움직일 수 있다. 또는 위나 아래로 두 칸을 먼저 이동한 뒤 왼쪽이나 오른쪽으로 한 칸을 가도 된다.

우리는 체스를 두는 대신 체스판 위에 기사들을 세워 둘 것이다. 이때 두 기사가 서로 부딪치지 않게 하려면 체스판 위에 최대 몇 명의 기사를 세울 수 있을까?

Hint 나이트가 처음에 출발하는 칸과 도착하는 칸 사이에 어떤 차이점이 있는지 잘 생각해 보아야 한다. 그보다 먼저 체스판은 검은 칸과 흰 칸이 번갈아가며 배치되어 있고, 크기는 세로와 가로로 각기 8칸씩이라는 것도 기억해야 한다.

Answer 나이트가 출발하는 칸이 검은 칸이라고 가정하자. 거기에서 어느 방향으로 두 칸을 이동하든 다시 검은 칸으로 가게 된다. 그다음에는 어느 방향으로 이동하든 흰 칸으로 갈 것이다. 즉, 검은 칸에서 출발한 기사는 흰 칸에, 흰 칸에서 출발한 기사는 무조건 검은 칸에 도착하게 되어 있다. 그러니 두 기사가 서로 부딪치지 않게 하려면 검은 칸에만, 혹은 흰 칸에만 기사들을 세워 두면 된다. 그런데 체스판은 총 64칸이므로 최대 32개의 나이트를 체스판 위에 세울 수 있다.

보너스 문제: 검은 칸에 세워 둔 32개의 나이트를 실제로 이동해서 모두가 흰 칸에 들어가게 할 수 있을까?

100에 먼저 도달하기

친구와 게임을 해 보자. 게임의 규칙은 1부터 9까지의 숫자 중 하나를 둘이서 번갈아 외치고, 그 숫자들을 계속 더하는 것이다.

예를 들어 여러분이 "3!"이라고 외치고 친구가 "6!"이라고 했다면, 지금까지 나온 두 숫자를 더한 값은 9가 된다. 다음으로 여러분이 "5!"라고 한다면 지금까지의 합은 14가 된다. 이런 식으로 계속 숫자를 외치다가 합이 먼저 100에 도달하는 사람이 승자가 되는 것이다.

그렇다면 이 게임에서 숫자를 먼저 외치는 게 유리할까, 나중에 외치는 게 유리할까?

 만약 채워야 하는 숫자가 100이 아니라 10이라면 어떻게 해야 게임에서 이길 수 있을까?

 이 게임에서는 나중에 시작하는 사람이 이길 확률이 매우 높다.

두 사람 중 여러분이 아니라 여러분의 친구가 먼저 시작했다고 가정해 보자. 둘이서 계속 숫자를 부르다가 여러분이 어느 순간 숫자를 불렀더니 그때까지의 합이 정확히 90이 되었다. 그렇다면 여러분의 친구는 아무리 애를 써도 100에 도달할 수 없다. 1부터

9 사이의 숫자 중 하나를 불러야 하기 때문이다. 하지만 여러분은 친구가 어떤 숫자를 부르든 그다음에 가볍게 100에 도달할 수 있다. 예를 들어 지금까지의 합이 90인 상태에서 친구가 "3!"이라고 말할 경우 여러분은 "7!"이라고 외치면 되니까 말이다.

그렇다면 어떻게 해야 90에 도달할 수 있을까? 그렇다. 그러자면 80에 먼저 도달해야 하고, 80에 먼저 도달하려면 70에 먼저 도달해야 한다. 그렇게 계속 내려가면 10에 먼저 도달하는 사람이 이기게 된다.

즉 이 게임에서 '마법의 숫자'는 10, 20, 30, 40, 50, 60, 70, 80 그리고 90이다. 게임 도중 언제가 되었든 마법의 숫자 중 하나에 도달한 사람이 승자가 될 수 있는 것이다. 물론 가장 좋은 건 상대방에게 먼저 시작할 기회를 양보한 뒤 상대방이 어떤 숫자를 말하든 여러분은 10에서 그 수를 뺀 숫자를 외치는 게 가장 좋다. 그렇게 하면 처음부터 그 게임은 이긴 거나 마찬가지가 된다.

여기에서 보듯 때로는 양보를 하는 게 자신에게 더 이익이 될 때도 있다!

보너스 게임: 방법은 위와 똑같은데 부를 수 있는 숫자가 1부터 9까지가 아니라 1부터 4까지라면, 그 게임에서 마법의 숫자는 어떤 것들이 될까?

부를 수 있는 숫자의 범위를 다양하게 바꾸어 가면서 게임을 해 보자. 그리고 각각의 게임에서 마법의 숫자가 무엇인지를 외워 두면 언제나 승자가 될 수 있다.

카드를 뒤집는 악마들

탁자 위에 그림이 보이지 않도록 뒤집힌 카드가 줄을 지어서 여러 장 놓여 있다.

그런데 어디에선가 갑자기 조그마한 악마 하나가 나타나서 모든 카드를 뒤집고 어디론가 사라졌다. 곧이어 두 번째 악마가 나타나서 2의 배수 번째에 놓인 카드들(2번째, 4번째, 6번째……)을 뒤집었다. 다음으로 세 번째 악마가 나타나서 3의 배수 번째에 놓인 카드들(3번째, 6번째, 9번째……)을 뒤집었다. 이때 패가 보이는 경우에는 보이지 않게 뒤집고, 보이지 않는 경우에는 그림을 볼 수 있게 뒤집었다.

그다음에도 네 번째, 다섯 번째 악마들이 나타나서 각자 자기 순번의 배수 번째에 놓여 있는 카드들을 뒤집었다. 그렇게 계속, 카드 장수만큼의 악마들이 나타나 각자 자신이 맡은 카드들을 뒤집었다. 그러다 보니 어떤 카드는 위를 봤다가 아래를 봤다가 다시 위를 봤다가 다시 그림을 감추었다가를 끊임없이 반복하였다.

악마들이 자신의 임무를 모두 마치고 난 뒤 그림이 위로 향한 카드, 즉 그림이 보이는 카드는 총 몇 장일까?

 악마의 순번과 카드 번호 사이에 어떤 관계가 있는지 잘 생각해 보면 된다.

Answer

첫 번째 카드는 원래 덮여 있다가 맨 처음 한 번만 뒤집어진 뒤 끝까지 그 상태로 남는다. 즉 마지막에 그림이 위로 가게 되는 것이다. 두 번째 카드는 첫 번째 악마가 그림이 위로 가게 뒤집었는데 두 번째 악마가 다시 뒤집었으니 그림이 아래로 가게 된다. 그 상태에서 더 이상 손을 대지 않으니 끝까지 그림이 아래로 가 있다. 세 번째 카드도 마찬가지다. 첫 번째 악마가 뒤집은 걸 세 번째 악마가 다시 뒤집었으니 그림이 아래로 가 있게 된다.

네 번째 카드는 어떨까? 첫 번째 악마가 한 번 뒤집어서 그림이 위로 갔는데 두 번째 악마와 네 번째 악마가 각기 한 번씩 뒤집었으니 네 번째 카드는 그림이 위로 가게 되어 있다.

결론부터 말하자면, 제곱수(자기 자신을 두 번 곱해서 나온 수)에 해당되는 카드들, 즉 1번째, 4번째, 9번째, 16번째…… 카드들은 그림이 위로 가고 나머지 카드들은 그림이 바닥을 향하게 된다. 이는 제곱수의 특징 때문이다. 좀 더 정확히 말하자면 제곱수는 1과 자기 자신을 제외한 약수가 홀수이기 때문이다.

위 문제에서 악마들의 순번은 수학에서 말하는 '약수'에 해당한다. 어떤 자연수 a가 자연수 b로 나누어 떨어질 때 b를 a의 약수라고 말한다. 예를 들어 12의 약수는 1, 2, 3, 4, 6, 12이니까, 문제에서는 첫 번째, 두 번째, 세 번째, 네 번째, 여섯 번째, 열두 번째 악마가 열두 번째 카드를 뒤집게 되는 것이다.

모든 자연수는 최소한 두 개의 약수를 지닌다. 이때 약수가 자기 자신과 1밖에 없는 수를 소수라고 부른다. 따라서 1보다 큰 수들은 모두 최소한 두 번은 뒤집어진다는 뜻이다. 이에 따라 소수 번째 카드들(2, 3, 5, 7, …번째)은 두 번만 뒤집어진다. 하지만 대부분의 자연수는 소수가 아니기 때문에 약수를 세 개 이상 가지고 있다. 예를 들어 6만 해도 약수가 1, 2, 3, 6, 이렇게 네 개다. 따라서 여섯 번째 카드는 네 번 뒤집어진다고 생각하면 된다. 그런데 맨 처음에 모든 카드의 그림이 아래를 향하고 있었다고 했으니 짝수 번만큼 뒤집은 열두 번째 카드는 마지막에도 다시 아래를 향하게 되는 것이다.

 그런데 제곱수의 특징 중 하나는 약수의 개수가 홀수라는 것이다. 4의 약수는 1, 2, 4, 이렇게 세 개이고, 9의 약수도 세 개이다(1, 3, 9). 그렇다면 16의 약수는 몇 개일까? 바로 다섯 개이다(1, 2, 4, 8, 16). 따라서 제곱수에 해당하는 카드들은 홀수 번만큼 뒤집혔으니까 마지막에 그림이 위로 갈 수밖에 없다. 나머지 카드들은 모두 다 짝수 번만큼 뒤집혔으니 전부 그림이 아래로 가 있을 테고 말이다.

10. 마술:

나라 이름과 과일 이름

동그라미 친 숫자

마음을 읽을 수 있다!

숫자 알아맞히기 2

동전 통과 마술

당신의 나이는?

나라 이름과 과일 이름

이번 게임은 혼자서도 할 수 있고 친구와 함께할 수도 있다.

우선 마음속으로 1부터 10 사이의 숫자 중 아무 숫자나 하나 떠올려 보자. 숫자를 정했다면 아래의 세 단계를 실행하도록 한다.

1. 그 수에다가 9를 곱한다.
2. 1번의 결과에서 나온 숫자들을 쪼개어서 각기 더한다. 만약 1번에서 61이라는 결과가 나왔다면 6에 1을 더하는 식이다.
3. 2번의 결과에서 5를 뺀다.
4. 3번의 결과를 자음으로 바꾼다. 예를 들어 숫자 1은 'ㄱ', 숫자 2는 'ㄴ', 숫자 3은 'ㄷ' …… 등으로 하는 식이다.
5. 4번에서 나온 자음으로 시작되는 나라 이름과 과일 이름을 찾아보자. 예를 들어 4번의 결과가 5라면, 다섯 번째 자음이 'ㅁ'이니까 '미국의 망고'를 찾으면 된다.

 이 게임의 원리는 바로 구구단 속에 숨어 있다.

Answer 루마니아에서 레몬을 재배하는지 아닌지는 중요하지 않다. 중요한 건 맨 처음에 어떤 숫자를 생각하든 모두가 'ㄹ'로 시작되는 나라 이름과 과일 이름을 생각해야 한다는 것이다. 그렇게 될 수밖에 없는 가장 큰 비밀은 바로 맨 첫 단계, 즉 9를 곱하는 단계 속에 숨어 있다. 구구단 중 9단의 결과들은 위 연산의 2번 단계에서처럼 각기 쪼개어 더할 경우 답이 늘 9가 되기 때문이다. 따라서 맨 처음에 어떤 숫자를 생각하든 거기에다 9를 곱하고, 그 숫자를 쪼개어서 더하면 9가 나오고, 거기에 다시 5를 빼면 답은 늘 4가 된다.

나머지 과정들은 수학보다는 지리나 국어와 더 관련이 많다. 'ㄹ'로 시작되는 나라 이름과 과일 이름을 생각해 내기가 쉽지 않기 때문이다.

참, 친구에게 수학 마술 실력을 뽐내고 싶다면 문제에서 3단계까지만 한 뒤 "그 결과는 바로 4야!"라고 외치면 된다.

보너스 문제: 3단계에서 빼야 할 수를 5 대신 다른 숫자로 바꾸어 보자. 또, 나라 이름과 과일 이름 대신 동네 이름과 동물 이름을 찾아보는 것도 아주 재미있을 것이다.

동그라미 친 숫자

이번에 소개할 마술은 아주 간단하면서도 신기한 것이다. 여러분이 마술사라고 생각하고 친구에게 다섯 자릿수 하나를 종이에 적으라고 한다. 물론 여러분은 친구가 어떤 수를 적는지 볼 수 없다. 다음으로 친구에게 그 숫자들을 뒤섞으라고 한다. 이때 처음과 다른 숫자를 써서는 안 된다. 단순히 순서만 뒤바꾸어야 하는 것이다.

이제 종이에는 다섯 자릿수 두 개가 적혀 있다. 친구에게 그중 큰 수에서 작은 수를 뺀 뒤 마음에 드는 숫자 하나에 동그라미를 치라고 한다. 단, 이미 동그라미 모양인 0에는 동그라미를 치지 말라고 한다.

마지막으로 친구에게 동그라미 친 숫자를 제외한 나머지 숫자 네 개를 말해 달라고 한 뒤 친구가 동그라미 친 숫자를 알아맞히면 된다.

알아맞히는 방법은 아주 간단하다. 친구가 말한 숫자 네 개를 다 더한 뒤 그 숫자보다 크거나 같으면서 가장 가까운 9단의 결과를 찾으면 된다. 예를 들어 친구가 5, 0, 8, 9를 말했다면 그 합이 22이니까, 9단의 결과들(9, 18, 27, 36, 45, 54, 63, 72, 81) 중 가장 가까운 수는 27이 된다. 그 수, 즉 27에서 친구가 말한 숫자의 합을 뺀 수가 바로 친구가 동그라미를 친 숫자인 것이다.

이 마술의 원리는 무엇일까?

Hint 처음 종이에 적은 숫자들을 쪼개서 더한 값(각 자리의 합)이 얼마인지 잘 살펴보자. 다음으로 순서를 뒤바꾼 숫자들을 쪼개어 더한 값이 얼마인지 확인하고, 마지막으로 둘 중 큰 수에서 작은 수를 뺀 값의 각 자리를 더해 보자.

Answer 이 마술은 큰 수에서 작은 수를 뺀 값의 각 자리를 더한 값이 9의 배수일 때만 통하는 마술이다. 그 값이 9일 경우, 큰 수에서 작은 수를 뺀 값 역시 9로 나누어 떨어지는 수이다. 왜 그럴까?

모든 자연수는 그 수를 9로 나누었을 때의 나머지와 각 자리를 더한 값을 9로 나누었을 때의 나머지가 똑같다. 예컨대 1435라는 수를 9로 나누면 나머지가 4이고, 1-4-3-5의 합인 13을 9로 나누었을 때에도 나머지가 4가 된다.

이 마술에서 친구가 처음 적은 수의 각 자리를 더한 값과 순서를 바꾼 수의 각 자리를 더한 값은 당연히 똑같을 것이다. 순서만 바꾸었을 뿐, 숫자가 달라진 건 아니기 때문이다.

따라서 첫 번째 수와 뒤바꾼 수는 9로 나누었을 때 나머지가 똑같을 수밖에 없다. 그런데 이때, 둘 중 큰 수에서 작은 수를 빼면 그 나머지가 사라져 버린다. 따라서 큰 수에서 작은 수를 뺀 값은

9로 나누었을 때 나머지가 0이 된다. 물론 그 값의 각 자리를 더한 값도 9로 나누어 떨어진다.

마음을 읽을 수 있다!

트럼프에는 클로버, 스페이드, 하트, 다이아몬드, 이렇게 네 가지 카드가 있다. 각각의 모양에서 카드를 여덟 장씩(7, 8, 9, 10번 카드와 잭, 퀸, 킹 그리고 에이스 카드) 총 서른두 장을 뽑는다.

친구에게 그중 한 장의 카드를 마음속으로 생각하라고 한다. 이제 몇 가지 질문을 던져서 그 대답을 듣고 친구가 생각한 카드가 무엇인지 맞힐 것이다. 단, 친구는 여러분의 질문에 "예" 혹은 "아니요"로만 대답할 수 있다.

이때, 물론 "그 카드가 '하트 10' 인가요?"라고 물을 수도 있지만, 그렇게 하면 어쩌면 질문을 서른한 번 해야 할지도 모른다.

그렇다면 상대방이 생각한 카드를 가장 빨리 알아내는 방법은 무엇일까? 단 몇 번의 질문으로 그 카드가 무엇인지 알아낼 수 있을까?

Hint 카드가 32장이 아니라 만약 4장이라면, 예를 들어 클로버, 스페이드, 하트, 다이아몬드의 에이스 카드뿐이라면 무엇부터 물어보아야 카드의 범위를 좁힐 수 있을까?

Answer 문제의 답은 바로 5개이다. 다섯 개의 질문만으로도 상대방의 마음을 읽을 수 있기 때문이다.

질문의 개수를 줄이려면 한 번의 질문으로 남아 있는 카드의 범위를 최대한 좁혀야 한다. 그런데 상대방은 "예" 혹은 "아니요"로만 대답할 수 있으니까, 한 번의 질문으로 카드의 범위를 절반으로 줄여야 한다.

따라서 여러분이 가장 먼저 물어봐야 할 것은 바로 카드의 색깔이다. "빨간색 카드인가요?"라고 물어서 상대방이 "예"라고 대답했다면 그 카드는 하트 또는 다이아몬드이다. "아니요"라고 대답했다면 클로버나 스페이드일 것이다. 어느 쪽이든 카드의 범위는 이제 16장으로 줄어들었다.

만약 "예"라고 대답했을 경우, 두 번째 질문은 "하트입니까?"(혹은 "다이아몬드입니까?")가 되어야 한다. 그러면 카드를 다시 8장으로 줄일 수 있기 때문이다.

그다음 질문으로도 남아 있는 카드의 범위를 절반으로 줄일 수 있고(남은 카드는 4장), 네 번째 질문으로도 다시 절반을 제외할 수 있다(남은 카드는 2장). 따라서 질문을 다섯 번만 하면 상대방이 고른 카드가 무엇인지 알 수 있다.

보너스 문제: 지구상에는 약 70억 인구가 살고 있다. 그 범위를 어떤 한 사람으로 좁히려면 최소한 몇 개의 질문이 필요할까?

이 문제를 풀 때는 '함수'를 이용하면 편리하다.

함수란 원래 어떤 요소(예컨대 어느 도시의 총 인구)와 다른 요소(예컨대 사람의 나이) 사이의 관계를 표현하는 규칙인데, 수학에서 말하는 함수는 주로 숫자와 숫자 사이의 관계를 표시하는 것이다.

함수에는 여러 종류가 있는데 이 문제에서 유용한 함수는 '지수함수'이다. 지수함수는 대개 $y=a^x$으로 표시하는데, 이때 a를 '밑'이라 부르고 x를 '지수'라고 부른다. 지수함수의 밑, 즉 a는 보통 0보다 크면서 1이 아닌 수, 즉 1이 아닌 양수이다.

이 문제에서는 $a=2$가 된다. 그 이유는 질문의 개수(x)가 늘어날 때마다 전체 범위(y)가 두 배씩 늘어나기 때문이다. 만약 전체 대상의 수가 두 개뿐이라면 1개의 질문으로 정답이 무엇인지 알아맞힐 수 있다. 이것을 지수함수로 표시하면 $2=2^x$이 되니까 x, 즉 질문의 개수는 1개만 있으면 된다. 전체 대상의 수가 네 개라면 $4=2^x$이니까 질문의 개수는 2개가 되어야 한다. 이 문제에서처럼 카드가 모두 32장이라면 $32=2^x$이니까 x는 5가 되어야 한다. 만약 1024개의 대상 중 원하는 대상 1개를 찾으려면 10개의 질문이 필요하다.

이렇듯 지수함수는 x의 숫자가 커질수록 y값이 눈덩이처럼 커진다는 특징이 있다.

숫자 알아맞히기 2

세 자릿수 한 개를 마음속으로 떠올린다. 이때 한 가지 조건이 있는데 같은 숫자를 두 번 쓰면 안 되며 각 자리 숫자들이 서로 달라야 한다는 것이다. 그런 다음 백의 자릿수와 일의 자릿수를 서로 바꾸어서 새로운 수를 만든다. 이제 둘 중 큰 수에서 작은 수를 뺀 뒤, 그 결과에서 일의 자릿수만 말해 준다. 수학에 관심이 많은 친구라면 나머지 두 개의 숫자가 무엇인지 금세 알아맞힐 것이다.

예를 들어 여러분이 처음에 621을 떠올렸고, 그 수를 126으로 바꾸었다면 621−126=495가 된다. 그중 일의 자릿수, 즉 5만 알려줘도 그 친구는 아마 금세 "큰 수에서 작은 수를 뺀 값은 495야!"라고 외칠 것이다.

그 친구는 어떻게 나머지 두 숫자들을 알아낼 수 있을까?

 큰 수에서 작은 수를 뺀 값은 늘 9×2가 된다.

 처음에 어떤 수를 떠올리든 큰 수에서 작은 수를 뺀 값의 각 자리를 더한 값은 늘 18이 된다. 뿐만 아니라 중간 수는 늘 9가 되고, 나머지 두 개의 숫자를 더한 값도 9가 된다. 따라서 위 문제에서 여러분이 일의 자릿수를 알려 주었으니 여러분의 친구는 9에서 그 수를 빼기만 하면 나머지 두 개의 숫자들을

쉽게 알아낼 수 있다.

어떻게 그렇게 되는지 원리를 한번 살펴보자. 맨 처음에 떠올린 숫자를 abc라고 하고 그 수의 순서를 예컨대 cba로 바꾸었다고 한 뒤 그중 abc가 cba보다 더 큰 수라고 가정하자. 그렇다면 아래처럼 abc에서 cba를 빼야 한다.

$$\begin{array}{r} a\ b\ c \\ -\ c\ b\ a \\ \hline \end{array}$$

이때, a는 무조건 c보다 크다. 반대로 c는 늘 a보다 작은 숫자가 된다. 그런데 보통 뺄셈을 할 때 일의 자리 숫자부터 한다. 우리도 가장 먼저 c에서 a를 뺄 것이다. 그런데 c가 a보다 작다고 했으니 b에서 숫자를 빌려 와야 한다. 따라서 위의 예에서 일의 자릿수를 계산한 값은 $(10+c)-a$가 된다.

다음으로 십의 자릿수를 계산할 때에는 조심해야 한다. 앞서 일의 자리를 계산할 때 위쪽의 b에서 1을 빌려 왔으니까 말이다. 따라서 십의 자릿수 뺄셈을 하려면 이번에도 다시 a(백의 자리)에서 1을 빌려 와야 된다. 이에 따라 십의 자리를 계산하는 식은 $10+(b-1)-b$가 되고, 그 답은 9가 된다.

백의 자릿수를 계산하는 건 간단하다. 아까 빌려 준 1을 생각해서 $(a-1)$에서 c를 빼기만 하면 되기 때문이다.

마지막으로 백의 자리를 계산한 값과 일의 자리를 계산한 값의 합이 9가 되는지를 검산해 보면 뺄셈이 틀렸는지 옳은지를 확인할 수 있다. $(a-1)-c+(10+c)-a=9$이므로 옳다.

동전 통과 마술

어떤 친구가 종이에 지름 20mm짜리 구멍을 하나 뚫은 뒤 2유로짜리 동전을 그 구멍으로 종이가 찢어지지 않게 통과시킬 수 있다고 큰소리를 쳤다. 그리고 그 친구가 내기에서 이겼다.

그 친구는 지름이 25.75mm인 2유로짜리 동전을 어떻게 지름 20mm짜리 구멍으로 통과시킬 수 있었을까?

 지름만 생각하지 말고 원주(원의 둘레)도 함께 생각해야 한다.

2유로짜리 동전의 지름은 약 26mm이니까 원래는 종이의 구멍을 통과하지 못해야 정상이다. 하지만 친구는 동전의 두께가 아주 얇다는 점을 이용해서 내기에서 이겼다.

친구는 우선 구멍이 뚫린 종이를 정확히 반으로 접은 뒤 동전을 구멍 안에 살짝 걸쳐 놓은 다음 아랫부분의 양 끝자락을 위로 잡아당겨 동전을 통과시켰다.

이것은 동전이 납작한 모양이기 때문에 가능하다. 납작한 동전이기 때문에 종이의 양끝을 잡아당겨서 지름을 조금만 늘려 줘도 종이가 찢어지지 않고 통과할 수 있는 것이다.

여러분도 직접 실험을 해 보자. 이때 동전의 크기가 달라져도 상관없다. 중요한 건 구멍의 둘레를 반으로 나눈 값이 동전의 지름보다 커야 한다는 것이다.

위 경우에서 구멍의 지름이 20mm였으니까 구멍의 둘레 길이는 20mm×3.14(㎛)이고, 그 값을 2로 나누면 31.4mm가 된다. 즉, 그 값이 동전의 지름(26mm)보다 더 크기 때문에 동전이 종이를 찢지 않고 구멍을 통과할 수 있었던 것이다.

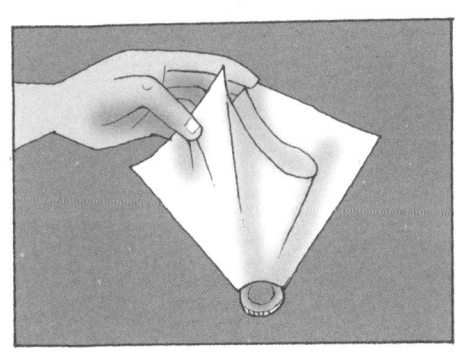

당신의 나이는?

이번 마술은 친구가 마음속으로 생각한 숫자와 친구의 나이를 알아맞히는 것이다.

먼저 1부터 7 사이에서 좋아하는 숫자 하나를 골라 보자. 예를 들어 수학 수수께끼 문제를 일주일에 며칠이나 풀고 싶은지를 생각해 보고 숫자를 고르면 어떨까? 일주일에 하루만 풀고 싶은지 이틀 동안 풀고 싶은지, 아니면 일주일 내내 풀고 싶은지…… 일주일에 하루만 풀고 싶다면 1을, 일주일 내내 풀고 싶다면 7을 고르면 된다.

이제 여러분이 고른 숫자로 다섯 가지 연산을 할 것이다.

1. 그 숫자에 2를 곱한다.
2. 거기에 2를 더한다.
3. 이번에는 50을 곱한다.
4. 생일이 지난 사람은 거기에다 11을, 생일이 아직 지나지 않은 사람은 10을 더한다.
5. 마지막으로 여러분이 태어난 연도에서 십의 자리와 일의 자리에 해당되는 수, 즉 앞의 '19'를 제외한 수를 뺀다. 예컨대 1997년생이라면 97을 빼고, 1999년에 태어났다면 99를 빼는 것이다. (2000년 이후에 태어난 경우 여기에서 100을 더 뺀다.)

다시 한 번 정리해 보면, 우선 어떤 숫자를 생각한 뒤 거기에 2

를 곱하고, 2를 더하고, 50을 곱하고, 11이나 10을 더하고, 태어난 연도를 빼는 것이다.

그렇게 하면 세 자리 수가 하나 나올 것이다. 그중 백의 자릿수는 여러분이 마음속으로 생각한 숫자이고, 나머지 두 자리는 바로 여러분이 만으로 몇 살인지를 나타낸다.

Answer 마음속으로 생각한 숫자를 x라고 해 두자. 그러면 1단계의 결과는 $2x$, 2단계까지 계산한 결과는 $2x+2$, 3단계까지의 결과는 $50 \times (2x+2) = 100x+100$이 된다. 그리고 만약 올해 이미 생일이 지났다면 4단계까지의 결과는 $100x+111$이 된다(생일이 지나지 않았다면 $100x+110$). 최종 결과는 $100x+111-yy$가 나온다. 이때 yy는 태어난 연도(앞의 '19'를 뺀 연도)를 의미한다.

만으로 몇 살인지 계산하는 방법은 모두 잘 알고 있을 것이다. 여러분이 태어난 해가 yy일 때, 2000년도에 여러분의 나이는 정확히 $100-yy$이다. 예를 들어 1997년에 태어났다면 2000년에는 3살이 되는 것이다($100-97$). 그로부터 11년 뒤인 2011년에는 100에서 yy를 뺀 수에다가 11을 더하기만 하면 된다($100-yy+11=111-yy$).

5단계까지의 식은 $100x+111-yy$였다. 그중 $111-yy$는 여러분의 나이에 해당하고, $100x$는 여러분이 생각한 수에다가 100을 곱한 것이다. 즉 마지막으로 나온 세 자리 수 중 백의 자릿수는 여러분이 처음 생각한 수이고, 나머지 두 숫자는 여러분의 나이가 되는 것이다.

질문: 그런데 이 마술은 2011년에만 쓸 수 있는 마술이다. 2012년에는 나이를 한 살 더 먹기 때문에 마술의 내용을 조금 바꾸어야 한다. 어떻게 바꾸어야 2012년에도 친구들 앞에서 이 마술을 부릴 수 있을까?

이 책들도 읽어보자!

이 책에서 소개한 수학 수수께끼들이 재미있었다면 샘 로이드와 마틴 가드너의 책도 아주 마음에 들 것이다.

수학과 관련된 퀴즈들로 유명한 하인리히 헴메의 책 중 《수학 악마》와 이반 모스코비치의 《두뇌 수학》(Brainmatics: More Logic Puzzles)은 아주 재미있는 책이다(우리나라에는 이 책 말고 동일 저자의 《창의 수학 퍼즐 1000》이라는 책이 출간되었다).

카를라 체더바움의 《마법 수학》이나 이언 스튜어트의 《수학나라 어글리빌 시장의 딜레마》는 특별한 수학적 지식이 없어도 쉽게 읽을 수 있는 책들이다.

객관식 문제들로만 되어 있지만, 나이나 산술 능력에 맞게 다양한 문제들이 소개되어 있는 수학경시대회인 '캥거루 대회'의 기출 문제 모음집들도 매우 흥미롭다.

수준이 높은 친구라면 미하엘 엥겔의 《천재들을 위한 수수께끼》(Denksporträtsel für Geniale)를 읽을 기회가 왔을 때 놓치지 말기 바란다. 또한 페터 빙클러의 《애호가들을 위한 수학 수수께끼》(Mathematische Rätsel für Liebhaber)도 멋진 책이다.

인터넷에도 수학 수수께끼와 관련된 사이트들이 아주 많으니 직접 찾아보고 다양한 게임들을 즐겨 보자.

수학파티

알브레히트 보이텔슈파허, 마르쿠스 바그너 ⓒ, 2011

초판 1쇄 발행일 | 2011년 6월 10일
초판 2쇄 발행일 | 2015년 8월 24일

지은이 | 알브레히트 보이텔슈파허, 마르쿠스 바그너
옮긴이 | 강희진
펴낸이 | 김지영　　　　　펴낸곳 | Gbrain
편　집 | 최윤정　　　　　본문삽화 | 프랑크 보브라
영　업 | 김동준·조명구　　제　작 | 김동영

출판등록 | 2001년 7월 3일 제2005-000022호
주소 | 121-895 서울시 마포구 서교동 400-16 3층
전화 | (02)2648-7224
팩스 | (02)2654-7696

ISBN 978-89-5979-238-2 (13410)

* Gbrain은 작은책방의 교양 전문 브랜드입니다.
* 책값은 뒤표지에 있습니다.
* 잘못된 책은 교환해 드립니다.